金钱与人生

(英)塞缪尔·斯迈尔斯 著　张军 译

中国书籍出版社
China Book Press

图书在版编目（CIP）数据

金钱与人生 /（英）塞缪尔·斯迈尔斯著；张军译. —北京：中国书籍出版社，2020.6
ISBN 978-7-5068-7764-0

Ⅰ.①金… Ⅱ.①塞…②张… Ⅲ.①人生观—通俗读物 Ⅳ.① B821-49

中国版本图书馆 CIP 数据核字（2019）第 286799 号

金钱与人生

（英）塞缪尔·斯迈尔斯 著 张军 译

图书策划	成晓春 崔付建
责任编辑	尹 浩
责任印制	孙马飞 马 芝
出版发行	中国书籍出版社
地 址	北京市丰台区三路居路 97 号（邮编：100073）
电 话	（010）52257143（总编室）（010）52257140（发行部）
电子邮箱	eo@chinabp.com.cn
经 销	全国新华书店
印 刷	三河市华东印刷有限公司
开 本	880 毫米 ×1230 毫米 1/32
字 数	210 千字
印 张	9.25
版 次	2020 年 6 月第 1 版 2020 年 6 月第 1 次印刷
书 号	ISBN 978-7-5068-7764-0
定 价	58.00 元

版权所有 翻印必究

序　言

本书是《品格的力量》《自己拯救自己》的续篇，事实上，这本书更像前述两本书的序篇，因为正确处理好"金钱与人生"的关系是"自己拯救自己"的基础。而只有处理好"金钱与人生"的关系、具备"品格的力量"，才能"自己拯救自己"。

关于"善用金钱与滥用金钱"，我在以前的作品中就已经谈论过，但值得用一本书再次深化讨论。如何处理金钱与人生的关系，与一个人的品格紧密相关，比如诚实、大方、公正、忘我与勤俭节约等优良品质。而相对的恶劣品质有贪婪、欺诈、自私、偏心等，这些恶劣的品质在赌徒、贪污者身上尤其明显。而那些滥用钱财的人，则经常表现出粗心大意、挥霍无度、急功近利、目光短浅等。

亨利·泰勒爵士曾说："勤奋之人必然珍惜劳动成果，甜蜜的果实增添了人们劳动的乐趣。"劳动者可以通过劳动获得

收入与积蓄,而劳动者更应该善加利用这些收入和积蓄,使其实现增值,实现更多的目的。也就是说,劳动者应该学会如何挣钱、花钱和攒钱,应该努力学习如何节俭致富、投资理财,学习更多有关金钱与人生的知识。因为我们努力工作、攒钱,不仅是为了自己,更为了家人的幸福,更甚者为了社会和国家的繁荣。

为了实现经济独立,获得一定的社会地位,我们必须拥有足够的金钱。为此,我们需要挣钱谋生,也需要勤俭节约。如果一个人能做到高瞻远瞩、克勤克俭,那么他一定可以实现经济独立。如果他同时想成为一个慷慨大方之人,则必须懂得舍己为人。

本书的目的在于规劝人们把金钱用在最有价值的事物上,而不是自私与放纵地滥用它们。在"善用金钱"的过程中,你会遇见很多阻碍,比如懒惰、莽撞、虚荣、陋习以及纵欲。在这些阻碍中,"纵欲"是最严重的一个。本书中有很多克服这些阻碍的案例。比如,戒酒的最佳方法之一是规劝饮酒之人厉行节约、开始储蓄。

本书的部分内容多年前就已完成,并且部分内容已经发表。但因为我的身体原因,本书的写作一度中断,所以直到现在才写完。本书的出版,要感谢很多人:哈利法克斯市长爱德华·克罗斯里先生、哈利法克斯市的爱德华·阿克罗德先生、邮政总局的乔治·切特温德先生、达尔文市的S.A.尼科尔斯先生、米德尔斯布勒的耶利米·黑德先生、哈德斯菲尔德市的查尔斯.W.斯克士先生,以及达勒姆、伦弗鲁郡、约克郡、兰开夏郡、斯塔福德郡和南威尔士的无数通讯员们。

请相信,在如何善用金钱、实现经济独立、处理金钱与人生的关系等方面,本书一定会助益于大家。

1875年11月,伦敦

目录

第一章　勤俭造就繁荣　/ 001

第二章　节俭的习惯　/ 016

第三章　浪费是灾难之母　/ 037

第四章　自力更生　/ 051

第五章　成功人士的秘诀　/ 073

第六章　节俭的本质是如何对待财富　/ 095

第七章　保险的重要性　/ 107

第八章　如何安全地渡过难关　/ 113

第九章　不容忽视的细节　/ 131

第十章　良好的品格总能带来财富　/ 149

第十一章　最好不要借债度日　/ 167

第十二章　债务会摧毁诚实的心灵　/ 191

第十三章　别过分依赖慈善事业　/ 213

第十四章　健康是最宝贵的财富　/ 239

第十五章　如何生活得更幸福　/ 267

第一章　勤俭造就繁荣

● 并非我拥有的东西，而是我的作为，成就了我的人生和我的王国。

——卡莱尔

● 卓有成效的勤俭是使民族富强、繁荣和健康的唯一资本。所罗门说过，所有的劳动皆有益处。而政治经济学在这个问题上的说教，听上去是多么荒唐可笑！

——塞缪尔·兰恩

● 为了拔地而起的高楼大厦
我们争分夺秒地建设；
我们的今天和昨天
就是我们建成高楼大厦的材料。

——朗费罗

1. 勤俭带来财富

勤俭是文明的积淀与结晶，也是一种源远流长的美德。作为一种习性，勤俭是那么古老，以至于在金钱产生之前，它就已经存在了——早在远古时代，原始人就已经意识到——自己不仅需要担心眼前的生活，还要考虑遥远的未来。于是，他们几乎自然而然地变得更加勤劳，也自然而然地更加崇尚节俭的生活。

时至今日，人们当然要比原始人聪明许多。因此，几乎所有人都知道勤俭的重要性。可这并不代表所有人都能做到这一点，更不代表所有人都能明确：省钱只是勤俭的一个表现，绝不是勤俭的全部意义。

没错，精打细算地过日子，尽量克制欲望，谨慎地花每一分钱……这些行为诚然有利于让一个人把生活打理得井井有条，却并不是真正意义上的勤俭。

那么，什么才是真正意义上的勤俭？要回答这个问题，我们首先要知道——人为什么要勤俭？

答案很简单，因为要获得财富，并用这些财富使生活更加美好。

那么，人如何才能获得财富？

要获得财富，首先就要创造财富，而要创造财富，就必须要劳动，不管是创造个人财富还是创造公共财富都一样。事实上，公共财富本来就以个人财富为基础，它们同根同源，相互依存。

所以，无论如何，劳动都是获得财富的第一步。

但是，财富被创造之后，还不算是你"获得"了财富。从创造到获得之间，有一个逐渐积累的过程。也就是说，只有把创造的财富积累起来，牢牢地掌握在自己手中，才算是真正的"获得"。

而要完成这个积累财富的过程，就非勤俭不可。

因此，要做到真正的勤俭，要使家庭幸福、民族繁荣、国家兴盛，省钱也就是勤俭固然十分有必要，但创造财富也十分有必要。因为勤俭虽然有助于财富的积累，本身却并不能创造任何财富。

勤俭和创造财富这两种行为就像左手和右手一样相辅相成，缺一不可。虽然它们涉及的领域不太一样——个人要达成这个目标，要从个体经济学中寻找答案，国家和社会要达到这个目标，要从政治经济学中寻找答案。然而，无论从哪里找答案，勤俭这种美德都应该被弘扬，挥霍浪费则是人们的公敌，这是毋庸置疑的道理。

你很难找到勤俭的坏处。对于个人来说，如果注重勤俭，积极地积累财富，很容易就能过上幸福的生活；如果大肆挥霍，浪费金钱，最后必将陷入贫穷困顿的境地。对于社会来说，也只有让人们保持勤俭的习惯，才能保持安定团结与繁荣发展，否则就很可能走向毁灭的深渊。

国家财政也是一样。

既然勤俭如此有百利而无一害，甚至在社会层面上足以被看作是一种义务，那么，大家似乎都应该养成勤俭的习惯才对，可是事实并非如此，通往勤俭的道路上布满了荆棘险阻，远非轻易就能够到达。

在理论上，它似乎简单无比，但在现实中，它会引发很多问题，反过来，这些问题也会影响到它。正是这一点让人们无法始终如一地保持勤俭，并觉得勤俭简直是一件再困难不过的事。

不仅如此，人们很难保持勤俭，在很大程度上也因为，勤俭本来就不是人类的天性，挥霍浪费才是。人类本就是充满欲望的生物。一开始，他们根本不明白什么是勤俭，或者说，就算他们明白，也绝对不具备勤俭的条件。

在远古时代，人类对自然的影响微乎其微，一切活动只能受自然摆布。他们或者生活在天然的山洞里，或者生活在茂盛的丛林间，在没有学会制造和使用工具之前，他们只能像其他低等动物一样靠捡贝壳或者采野果为生。没办法，他们实在太弱小，既没有厚厚的皮毛，也没有尖牙利爪，只凭造物主的恩赐，真的很难杀死任何动物，就算偶尔去打猎，也因为先天条件太差，基本只是碰运气，抓不到什么实在的猎物。

渐渐地，这种情况以人类学会制造和使用工具而结束，随着人类越来越频繁地制造和使用工具，他们能够获得的食物越来越多，种类也越来越丰富。直到有一天，他们的食物已经多到不仅足够食用，还可以储藏起一大部分的时候，最初的勤俭就产生了。

然而，食物依然在逐渐增多，且越来越多，最后，当食物多到连储藏也储藏不下的时候，人们就慢慢结束了简单的渔猎生活，开始尝试用多余的食物种出更多的食物，最初的农业也就产生了。

与此同时，人们制造和使用工具的经验也日渐丰富，甚至懂得了用火锻造矿石，冶炼金属，这就为农业的发展提供了有力的工具，使生产力得到了极大的发展，也有利于勤俭习惯的延续。

因此，农业的出现和生产工具的改进无疑是人类文明进程中的巨大进步。

随着人们的生活越来越好，人们在填饱肚子之余可以考虑更多的事情，文明也因此而飞速向前发展，人性中的诸多优秀品质，正是在这种情况下培养出来的。

归根结底，勤俭这种习惯，只会产生于"物质逐渐变得丰富"的基础上。这是一种十分微妙的过程，各方面的度都需要把握得非常好。否则，如果物质很匮乏，人们拥有的东西太少，就根本没有条件节俭；而如果物质很丰富，人们拥有的东西太多，就很可能遵循自己的本性，不假思索地走上挥霍浪费的道路。

不仅如此，一个人要养成勤俭的习惯，不仅需要具有高远的眼光，也需要找一个好榜样为自己示范，同时积极积累相关经验……只有一直坚持不懈地做下去，才能从内心里真正崇尚勤俭，从行动上真正做到勤俭。

这是一个相当漫长的过程。

原始文明，农业文明，工业文明，更高的文明……追本溯源，我们今天的一切成果，都无一例外地建立在前人巨大的劳动果实

上。他们依靠勤劳，积极创造财富，生存下去，又依靠节俭，积极积累财富，让自己过得更好。作为他们的后代，如果想获得财富，享受生活，就必须继承这种勤俭的传统，并将它发扬光大。

2.要勤俭，先劳动

你没理由不去相信这样一个道理——如果一种东西确实是美好的，它的光辉就一定不会随着时间的推移而淡化，更不可能完全消失，了无踪迹。

也许你听过尼尼微古城、巴比伦塔、特洛伊古城或者那些古老的手工技能，也知道它们从产生之日起，就在不断地为人类作贡献。如果真的是这样，你一定不难理解——作为人类的后代，我们理应重视前人的经验和技术，并通过学习、传授、示范、改良等种种方法，使它们得以保存和传承下去。

但是，经验和技术真的那么重要吗？我们创造出的东西，拥有的财富，这所有的一切，真的都是因为经验和技术的存在吗？

答案自然是否定的。技术是一种善变的东西，它会随时更新换代，日新月异，没有人会抱着以往的技术不放。举个最简单的例子，如果我们现在要建造金字塔，还采取古埃及人那种方式，就未免十分愚蠢。

所以，那些古城和古老的技术能永远存在吗？在时间的洪流中，它们还不是被逐渐磨平，直至完全消失了吗？

最后，到底还剩下什么？

精神。

不朽的精神。

所有的物质终将消失，能保留下来的，只是它们之中蕴含的精神，正是这些精神穿越了千年的时光，依然孜孜不倦地警示和激励着我们，也正是这些精神，代表着人类文明中最宝贵的结晶。

这才是我们真正需要继承并发扬的东西。只要紧紧跟随它的脚步，就算在短时间内无法受益，一旦坚持下去，也一定会获得意想不到的收获。

这是我们的权利，也是我们的义务，更是我们天然的使命。

如何享受这种权利，履行这种义务，完成这种使命？

靠劳动。

只有通过劳动，人们才能创造财富；只有通过劳动，人们才能帮助弱者；只有通过劳动，人们才能改变世界；只有通过劳动，人们才能促使社会发展，解决社会问题。

当然，劳动绝不只包括体力劳动，还包括主持诉讼、企业管理、治病救人等一系列脑力劳动。在一定的范围内，人们可以自由地选择劳动方式，但是，无论是体力劳动还是脑力劳动，都是一件十分崇高的事。因为，只有通过劳动，人们才能保证自己的物质独立，而只有物质独立了，一个人的精神才有更多能力保持独立，进而达到纯洁和高贵的程度。

是的，一个高贵的人一定不屑于不劳而获、巧取豪夺或者盗取别人的劳动果实。相反，他会尽最大努力去履行义务，去关爱

别人，去促进社会的发展。无论他是国王还是农民，想要获得成功，赢得人们的赞美，就都不得不付出许多劳动。有时候，这些劳动是体力劳动；有时候，这些劳动是脑力劳动；在更多的时候，也许两者都要付出。

如果不劳动，人生就会失去意义，人们就会由于失去道德感而变得麻木不仁。

3.劳动创造财富

从人类产生之日起，大自然便源源不断地向我们提供营养和温暖。它把阳光赐予我们，把土地借给我们，把矿石展示给我们……它是我们赖以生存的基础，因为它为我们的生产、生活提供了一切资源。

可是，只有这些还不够。资源如果一直放在那里，不去利用，就和不存在基本没什么两样。只有被合理利用起来，它才有存在的价值。而想让它们得到利用，人们就必须劳动。

对于社会来说，劳动是人类生存的前提和手段，也是社会发展和文明进步的基础。对于个人来说，要获取生存资源，生活得更好，也必须充分开动脑筋，努力劳动。

农民有了土地，不去耕种，依然无法收获粮食和棉麻，以吃饱穿暖；工人有了矿石，不去冶炼，依然无法得到金属，以制造工具。

不劳动，食物不会增多，衣料不会变好，房子也不会建起来……只有辛勤地劳动，我们才能不愁吃穿，不愁住处，进而从中得到乐趣，展示生命力，体现人生价值。

劳动不仅能带来这些好处，还可以创造财富。毋庸置疑，人类现有的任何财富都源于劳动。正因为人们都在努力劳动，全人类的生活条件才会提高，生活才会越来越好。

劳动自然是辛苦的。不管是体力劳动还是脑力劳动都一样。因为这种特性，它一度被人们共同诅咒。可是，很少有人想过，它同时又是上天对人类的恩赐。

无论贫穷还是富有，每个人的吃穿用度都要通过劳动获得。离开劳动，人们将一无所有。拒绝劳动或反对劳动，整个人类很快就会走向灭亡。因此，除了那些卑鄙下流的劳动，其他任何正当劳动都不应该被鄙视或者蔑视，因为劳动是一种十分光荣的行为。

"不劳动者不得进食。"就连伟大的圣保罗也这样说。

他是这样说的，也是这样做的。终其一生，他从来不靠别人生活，而是通过劳动养活自己，并因此获得广泛的赞誉。

劳动到底有多么光荣和宝贵，从下面这个故事中，我们可以窥见一斑。

很久以前，有个老农民经营着一座葡萄园。他又勤劳又机智，但他的三个儿子却一个比一个懒惰。渐渐地，老农民越来越老，终于躺到床上，奄奄一息了。

临终前，他把儿子们叫到自己的床边，气喘吁吁地说："孩子们，我要告诉你们一个秘密。早在很多年前，我就在地下埋

了一大笔宝藏。现在,我要把它留给你们。""在哪里?在哪里?"儿子们听到有宝藏,迫不及待地问道。

"就在葡萄园里。我死后,你们一定要尽快把它挖出来……"话还没说完,死神就及时地带走了老人的灵魂。

三兄弟一料理完父亲的后事,就跑到葡萄园里大肆挖掘起来。他们挖呀,挖呀,挖得挥汗如雨、精疲力竭,最终把整个葡萄园的土地都翻了一遍,甚至连那些杂草丛生、荒芜了很久的土地也没有放过。

在被翻出来的土地中,他们认真搜寻,生怕漏掉一点金子。然而,他们并没有找到任何金子,本来,他们十分沮丧,甚至开始埋怨父亲,但是,在当年秋天到来的时候,由于他们把土壤翻得又疏松又肥沃,葡萄园迎来了前所未有的大丰收!

通过贩卖葡萄和葡萄酒,他们赚了一大笔钱!直到那时,他们才终于明白父亲的良苦用心。

他们没有找到金子,却无意间学会了劳动,正是通过辛勤的劳作,他们才获得了大丰收。

一串串硕大的葡萄,正是父亲留给他们最好的宝藏。

劳动可以创造财富,劳动本身就是最大的财富。

4.劳动孕育勤奋

人活着就有欲望,为了满足欲望,维持生命的正常运转,我们需要物质。而想要得到物质,我们必须劳动。当然,人可以控制欲望,却无法消灭欲望。如果一个人连吃喝这种基本欲望都没有,很快就会被饿死、渴死,不复存在。

所以,一个活着的人必须劳动,没有劳动,便没有人、没有生命、没有生活、没有文明。

从宏观上来说,正是劳动创造了伟大的物质文明,促使人类不断向前发展;从微观上来说,也正是劳动让我们获得了物质基础,进而赢得世俗意义上的成功。

除此之外,劳动对精神文明的影响也是不可或缺的。正是它创造了精神文明,孕育了一切伟大的思想,让我们获得知识,保持精神健康和愉悦,让我们实现自我救赎,找到生命的终极意义。

因此,靠劳动生存,是最崇高的生活法则,也是发展才智、培养良好品性的最佳途径。

但劳动不是一件容易的事情,虽然它享有尊荣,代表着荣誉、称颂、快乐、永存,同时也是一种负担、辛劳、苦难和不公。正因为劳动具有这样的两面性,才会有很多懒惰者厌恶劳动,逃避劳动。

这些懒惰者,他们不知道什么是理想,也没有生活目标,他们并不觉得"意义"是什么重要的大事,还喜欢抱怨一切。有时候,他们因为运气好,偶尔得到一些东西,便马上想通过不劳而获得到更多。而一旦沦落到悲惨的境遇,他们就会觉得,一切都是外界的因素造成的,和自己完全没有关系。

这些可怜的人,他们完全不知道问题出在了哪里,反而觉得活着是一种负担。而这种沉重的压迫感无时无刻不在逼着他们更倾向于关注自己,至于外界的一切,基本和他们没有任何关系。

怎么会没有关系呢?一切代表前进的东西,如文明、健康、繁荣……从种麦子到造轮船;从缝衣领到艺术创作,无一不是依靠勤奋劳动得来的。

然而,他们是痛恨劳动的。如果说这世上还有什么令他们更加痛恨的,那一定是勤奋了。

勤奋总和劳动在一起,它们就像孪生兄弟一样,几乎没人能把它们分开。诗歌、思想、建筑、画作,几乎所有的劳动都不会在一开始就成功,想要获得成功,就需要持之以恒地努力下去,一次又一次地勤奋尝试。

没错,勤奋,勤奋地劳动是所有职业,所有人通向成功的唯一途径。劳动是一种状态,它能让人生变得完美;勤奋是一种方向,它能让劳动更加持久,给劳动加入一种强大的推动力。

古往今来,伟大的人之所以伟大,在很大程度上都是因为他们具有勤奋的品格。也正是一代又一代人的勤奋劳动,才推动着社会不断进步,民族不断繁荣。

5.勤俭铸就繁荣

根据前面的论述,你一定已经明白这样显而易见的道理——勤劳是有多么重要,勤劳是多么必要。正是它使人类得以生存发展,使野蛮时代得以结束。也正是它促进了物质和精神的进步,大刀阔斧地改变了世界。

劳动创造财富，勤俭积累财富。正如人们在日复一日的劳动中，必须依靠勤俭，把不断生成的劳动成果慢慢积累，渐渐汇聚，最终才能成就光辉伟大的文明。

所以，当文明诞生的那一刻，节俭也就诞生了。文明之所以能够流传下去，保持繁荣，正是因为节俭的精神一直存在。以前是如此，在资本决定财富的现代更是如此。只有将占有的劳动成果聚集在一起，资本才有形成的基础，也才能逐渐巩固下来。这是每个资本家都懂得的道理——想要获得资本，并长期占有资本，就必须保持节俭。这种节俭并不只体现在金钱上，更体现在一切资源上。作为资本家，只会省钱必将导致最终的失败，想要在根本上增加收益，只有通过扩大规模，让更多人参与到劳动中来才行。

这个道理虽然听起来简单，但是在实际操作层面上，往往都会遇到这样或那样的困难。毕竟，节俭不是人的本性，它要求人们必须淡化自己的动物性本能，学会用理性自觉控制自己的欲望，同时要放开眼光，在谨慎的基础上，尽量高瞻远瞩。因为一个只看眼前的人难以体会到节俭的重要性的。他们只活在当下，一点都不管未来会怎么样。一旦手里有了一点资源，就会随心所欲地支配，直到把它们都消耗得一点不剩。也正因此，这样的人很少有能力抵御未来的风险，也根本没办法牢牢地掌控自己的未来。

在爱德华·丹尼森先生看来，理性让人们拥有先见之明，为了未来做好充足的准备。节俭的最大作用就是让人能够在最大限度上抵御无情的未来，把有可能会遭受的损失尽量降到最小。这

种看法，是多么深刻而睿智啊！

大多数人都知道，勤劳、节俭是好的品德，懒惰、放纵是坏的习惯。大多数人在这两者之间摇摆不定。从这一点上来看，这些可怜的人，真的应验了那句西班牙古语——天空和大地都很美好，生活在天空和大地之间的人们却很糟糕。

对于很久以前的西班牙人来说，勤劳和努力是最普遍的品德，但是，随着时间的流逝，这些美好的品德在他们身上几乎消失不见。他们变得日渐自大，日渐懒惰，在道德的崩坏下，他们甚至认为勤劳可耻，懒惰光荣，与努力工作相比，他们更愿意去乞讨，并且不会因此感到丁点儿愧疚。他们在惰性的支配下，不去努力耕作田地，粮食产量连年锐减，最终不得不离开家乡，四处流浪。曾经有多达上万个村庄坐落在瓜达基维尔河附近，但是，因为村民们丢失了勤劳，这些村庄已经缩减到不足一千。

毫无疑问，劳动引发了社会分化，诞生了两个日益对立的社会阶层。有一部分人目光短浅，只图一时享乐，手里有点资产就挥霍浪费，最终变得一无所有，深陷困境，不得不靠为别人工作来勉强维生；而另一部分人高瞻远瞩，注重长远利益，懂得珍惜资源，最终变得衣食丰足，前途光明，可以雇佣别人为自己工作来赚取更多的钱财。

积累财富，集聚资本，后者的生产规模越来越大，获取的利益也越来越多，但他们并不就此满足，他们依然勤奋地工作着，不断发挥自己的聪明才智。他们建立更多的厂房，更多的仓库，他们购买更先进的机器，开采更多的矿产，他们修建铁路，开发港口，建设码头，他们凭借着强大的实力和勤俭的精神，促进社会前进，民族繁荣，一步步主宰别人，主宰世界。

挥霍财富，浪费资本，前者的日子过得越来越困难，能做的事情也越来越少。他们不知道是哪里出了问题，依然对自己的未来毫不关心。同时，他们也不关心民族、国家或者世界，因为他们根本不能为它们作出一点贡献。当然，他们也渴望成功，但在懒惰的驱使下，他们终究一事无成。非但如此，一旦遇到巨大的困难，他们从来无法靠自己的力量生存下去，只能求助于强者或者社群，不得不受制于人。

如果一个人不懂得勤俭节约，一味铺张浪费，那么他将很难有节余和储蓄，更可能会一直处于社会底层。而在这个世界上，勤俭可以帮助人们开源节流、获得成就，引领人们走向繁荣。

第二章　节俭的习惯

• 人生在世，自控最重要。

——歌德

• 大多数人工作是为眼前，少数人工作是为未来。更好的做法是两者兼而有之——工作，既为眼前的未来，也为未来的眼前。

——《真理的猜测》

• 学会克制自己才能成功……自控是最好的老师，一个有教养的人总是能在任何情况下都能很好地控制自己，这是一种十分重要的品质，也是最高层次的教育。其他任何教育都要以它为基础。

——欧利芬特夫人

• 全世界都在大叫："谁能拯救我们？我们需要一个他！"如

果真的想要这样一个人，我建议你还是不要舍近求远，因为这个人就在你的左右，他就是你自己。能拯救我们的只有我们自己……可是，如何才能拯救自己？这要看你的信念，如果你具备强大的信念，决心成为这样的人，这件事就一点都不难；如果你的信念没有那么强大，决心没有那么坚定，这件事自然就会很困难。

——大仲马

1.节俭改变命运

只要开动脑筋、努力工作，任何人都会拥有适当的收入，最终获得富裕和闲适的生活。也就是说，只要精力充沛地去劳动，始终如一地保持节俭的品性，你就会大大地改善当前的处境，提升自己的层次，享受到成功的甜美果实。

如果一个人生而贫穷，自然值得同情，如果一个人生而富裕，却因为不懂珍惜，挥霍浪费而导致贫穷，完全就是咎由自取。克制是幸福的起点，放纵是罪恶的根源。赚钱并不难，无论你做什么行业，都不可能完全赚不到钱，但是只会赚钱并不能让你拥有财富，在拥有了一定财富后，你更需要做的，是学会花钱、懂得花钱，让每一笔钱都花得有价值、有意义。虽然只依靠节俭，肯定不能让你成为亿万富翁，但是这却可以在短时间内增加你的财产，让你在经济上达到独立。

影响一个人的财富总量和社会地位的，真正使人们身处不同层次的，通常不是一些具体的因素，而是他是否具备节俭的品性，是否能够很好地控制自己的欲望。很多工人挣得并不少，但他们手里总是缺钱，日子过得并不好。这其中当然有一些其他因素在起作用，比如说，经验丰富、技能娴熟的工人总要比其他工人挣得多、地位高。因此，你也许会认为，那些过得穷困潦倒的工人都是因为缺乏经验和技能，但是事情之所以发生，从来都不是因为一些表面的问题，而是一些深层次的精神在起作用。如果一个人善于节约资源，就一定能从中获取利益，因此也就不难改变自己的处境，决定自己的命运。很多大商人并非生来就是天才，也并非都出生在商业世家，他们之所以获得如此成就，不得不归功于他们节俭的品性。

史密斯先生的例子就很好地证明了这一点。在这里，我们不便说出他的真实姓名，但这并不妨碍讲述他的故事。他有一家纺织厂，我们曾经去那里参观。他的工厂很大，有三四千名工人，七百台电力织布机。我们参观结束，就要离开的时候，一位朋友拍着史密斯先生的肩膀，跟我们讲道："就在二十五年前，史密斯先生还是个普通的工人，这么些年过去，他正是通过节俭的方式，才逐渐拥有了这么大的产业。"对此，史密斯先生幽默地回应："这并不全是我的功劳。你们要知道，这是因为我和一位有钱的女士结了婚。她以前也是这里的工人，我们结婚的时候，她每星期足足有将近十先令的收入。"如果一个人保持节俭，能够长期规划自己的生活，假如他是男人，总会成为成功的商人；假如她是女人，也会是一位能干的家庭主妇。节俭的重要性，说到这里,也不必再多次强调了,毕竟很少有人会否定这一点。而且,虽然节俭并非是人的天性,但是只要通过努力,想要做到这一点并不难。一开始,我们只需要每周存下几先令——这一点都不困难,几乎任何人都可以做到,这样坚持几年,你就会惊讶地发现,自己已经攒下了几百英镑。实际上,想要做到节俭,并不需要多么聪明,多么高尚,多么勇敢,而只需要克制自己,合理地节省,并耐心地坚持下去。这是一种很普通而又很容易见效的行为,当你真的把它当成一种自然而然的习惯去做的时候,它会变得无比容易,也会为你带来丰厚的报酬,一步步地改变你的生活。

它一点都不会让人感到痛苦,因为它只要求人们适当地克制,而不是完全地禁欲。恰恰相反,在践行节俭之后,你会逐渐脱离奢侈浪费的泥潭,使自己更少地遭到轻视和批判,最终得到长久的快乐和幸福。

2.养成节俭的好习惯

很多人都会这样认为,如果一个人的收入不高,还有一家人需要养活,也许根本就不具备储蓄的基础,无论他有多么勤奋,多么擅长控制自己的欲望。这确实是不争的事实,但是即便如此,节俭和储蓄也是十分必要的事。人们都期盼拥有快乐和幸福的人生,在这种愿望上,穷人和富人毫无区别。这种快乐和幸福,乃至于整个世界的进步和发展,只能通过节俭和储蓄来获得。

对于穷人来说，不能节俭的主要问题是收入太少，无从节俭。对于富人来说却不是这样，他们总是能赚很多的钱，只要愿意节俭，他们完全可以这样做。他们应该认识到自己身上的责任，并时刻克制自己做出任何非理性的行为。如果大手大脚，挥霍无度，只看眼前，把赚来的钱都用来满足一己私欲，这真是一种十分自私和可耻的行为。就算把这个范围扩大一点，把赚来的钱用来供养一家人的吃喝玩乐，完全不考虑以后，也是十分愚蠢、不负责任的行为。未来的事谁都难以预料，如果有一天你出了意外，不得不离开这个世界，你的妻子应该如何生活下去？你的家庭应该怎么维持下去？假如你的赚钱能力欠佳也就罢了，可是你明明拥有很好的收入，可以避免一些糟糕情况的发生。在这种条件下，如果那些糟糕的事还是发生了，那才是真正的荒唐和不幸！当然，周围的人都可能伸出援手，帮助你的家人渡过难关，可那并不是解决问题的关键。

解决问题的钥匙就在你自己身上。如果你尽量节俭地生活，精打细算，削减那些不必要的欲望，少喝一杯啤酒，少抽一支香烟，把那些钱都零星地储存起来，积少成多，在包括疾病或者失业之类的意外到来之时，你的生活，你家人的生活，就不至于过得太辛苦。那些不幸事件对你们的影响，也会大大减轻。这并不是一件很难做到的事，哪怕是最贫穷的人，也可以通过这种方式，使自己的生活得到有效保障。

节俭的意义，不止在于积蓄足够的钱，用来抵御意外或者帮助人们养老，更在于它能使人们走向富裕。提到富裕，大家可能会想到幸运,因为在人们的印象里,似乎只有幸运的人才会变得富裕,这是错误的看法。其实,每个人都同样幸运,每个人都可能成为富人,很多人没有做到,只是因为他们不能保持节俭的生活习惯。而这种习惯的养成,其实也并不是因为合适的机遇,而是你到底拥有多么强大的意志力,能在多大程度上控制自己,使自己减少挥霍浪费的次数。

勤劳是值得赞颂的,但是勤劳和节俭不是一回事,它们之间没什么必然的联系。很多人都会勤劳地工作,却毫不珍惜自己赚来的钱,为了一时的快乐,不愿克制自己,总是把所有的钱都花得精光。有些人虽然在年轻时积攒了一些钱,但到了一定年龄之后,很快变得大手大脚起来。他们以及时享乐为人生格言,大肆挥霍自己的财产,甚至不惜抵押房产,欠下巨额债务,以至于在死后穷得连丧葬费都没有,这是多么可悲的事情!

只有目光短浅的人才会这么做。他们觉得未来遥不可及,危难永远不会发生,也不想为别人提供任何帮助。这是一种十分不负责任的行为,这样的人根本不适合走进婚姻,组建家庭。如果没有及时地认识到这一点并加以改正,最好不要轻易结婚。因为,如果他无法为家庭提供物质上的保障,引领家庭走向未来,即便他们匆匆结婚了,当问题和矛盾出现的时候,他们也不会明白到底是怎么了,而会把所有责任都推到婚姻本身上去,从来不会好好反省自己是多么浅薄而懒惰。就算你不想帮助邻居和亲友,也要思考一下这个问题,如果继续这样糊涂下去,不变得明智一些,尽早准备好迎接生活中的不幸,在你无法工作甚至不幸去世的时候，你的亲人会因为失去一大份经济来源，生活水平一落千丈。这是社会的负担，也是你的耻辱。

从这个角度来说，节俭代表着巨大的责任，尤其是男人，你理应承担起这种责任，为家庭里的每个成员遮风挡雨，不管是生前还是死后，你都应该保护自己的家庭不受任何侵害，而不是只顾满足自己的欲望，从来不想未来。活着的时候无力供养家庭，死去的时候只能为亲人留下账单和满目疮痍的生活。

这是个很简单的道理，每个人都懂，可是在现实中，无论贫富，很多人都做不到这一点。他们总是轻浮而惯于享乐，丝毫不管他们是否能承担得起那些金钱上的消耗，而且荒唐的是，越是这样的人，越希望可以天降横财，以满足他们贪得无厌的口腹之欲。当年，在国会下院，休谟先生曾经提出这样一种看法——总体来说，英国人的生活方式实在过于奢华。那时候，听到这种看法的人都大声嘲笑他，可时至今日，这种说法完全得到了证实。

当然，人们之所以如此崇尚奢华，也许是一种深层次的代偿。毕竟生活的节奏越来越快，越来越让人们感到紧张。人们不得不通过消耗金钱的方式来缓解紧张，释放焦虑。但这是弱者的做法。真正的强者总是拥有强大的内心。他的力量不来源于外界，而是来源于他的精神。他虽然不是绝对强大的，却可以充分掌控自己的生活，有能力改变自己的命运。

节俭就是一种很好的方式，只要杜绝不必要的浪费，你就可以节省下很多资源，它们不止足以支撑你现在的生活，更足以保障你的晚年生活。

3.节俭是自立的基础

金钱不只是能维持人们生存的工具，如果它能很好地与节俭联系到一起的话，更具有崇高的道德意义。一旦一个人可以通过节俭拥有一定的金钱，才有保持独立的可能，也才有可能成为一个真正自由的人。因此，虽然节俭这种美德来自底层，看起来朴素而平凡，但它同时又是高贵的品质，是值得称赞的行为。

布尔沃说的不错："金钱可以映射出一个人的品质，所以一定要谨慎地对待它们。"确实如此，从一个人如何使用金钱上，你可以明显地看出这个人到底是慷慨还是吝啬，是仁慈还是贪婪……

很多人之所以贫困终生，尝不到自由和独立的甜美，也因此而得不到别人的尊重，都是因为他们不知节俭，总是挥霍浪费，时刻都使自己处于一无所有的境地。这样的人怎么会有自尊？别人又怎么会同情他们？他们根本不具备任何高贵的精神和美好的品德，因为他们连最基本的节俭都没有。

节俭是一门高深的艺术，它远比赚钱还要复杂。很多人都具备足够的头脑，也能勤奋地去赚钱，却无法运用自己的智慧，充分领略节俭的魅力。他们冲动放纵、及时行乐，面对欲望，毫无意志，也不会试着去控制它们，削减它们，而是任由它们横流飞溅，一点都不考虑这样做会带来什么后果。一旦真的发生了什么令人沮丧的事情，他们也不会从中吸取教训，而是会继续偏离下去，不知悔改，让事情变得越来越糟。

　　为什么要节俭？当然是为了节约金钱，拒绝浪费，改善自己的生活状况，从而为整个社会减轻负担。如何走向节俭？当然要学会克制自己，时刻保持清醒，不要贪便宜，尤其不要掉入价格陷阱。没有任何一样东西会便宜得低于成本，价值规律永远是不变的真理。那些所谓的便宜货肯定都有问题，或者，就算它们没有问题，你至少也该考虑一下你是不是真的需要它。人们买下东西是因为它有用，而不是因为它们便宜的价格。不要以"也许以后会有用"或者"很多人都在买"当作一时冲动的借口。因为你活在当下，你是你自己。别让这种烂俗的借口冲淡了你的理智，也别让自己在不知不觉中就变成了浪费的奴隶。

　　当然，也许偶尔这样做几次不会浪费多少钱，但是不要忽略，任何一笔浪费的实质都是浪费，而所有的"没有多少钱"加在一起，就是很多钱。节俭要从小事做起，要随时控制自己，不能随心所欲，任性为之，否则很快就会变得乐于放纵而无节制，最终走向浪费的歧途。西塞罗曾经说过："不要对购买产生狂热，而是要拥有收入。"为了能够安度晚年，年轻人就算勤奋工作，收入丰厚，也不该挥霍浪费，而应该及时为自己积攒足够的财富，为自己的未来做好准备，也为家庭成员做好打算，以免自己年老时孤苦无依，不得不沦落到靠乞讨维生或者靠别人的施舍勉强度日的悲惨地步。由此来看，必要的节俭是十分正当的行为，也是一份不容推卸的道德责任。如果人们可以一如既往地坚持节俭，精打细算，按时储蓄，就用不着担心自己的未来。当自己告别这个世界的时候，也能为家人留下财富，同时为自己赢得名声。

可是，现实情况并非尽如人意，在年轻人中间，几乎没有多少人可以坚持这样做。他们醉心消费，花起钱来无所顾忌，他们继承了父辈的挥霍浪费，又将它们演变成更高的层次。他们任由自己的欲望无限膨胀，为了满足这些欲望，他们不择手段地投机敛财，最终欠款无数，穷途末路。这样的例子数不胜数，却无法让后来者从中吸取经验教训，避免重走前人的老路。

幸运的是，奢侈浪费这种坏习惯可以在人们之间传染，节俭节约这种好习惯同样可以在人们之间传染。从邻居身上，从亲友身上，只要我们善于观察，耐心总结，总能发现一些节俭的影子，并告诫自己追随它们。这是人性中很宝贵的一面。人类之所以可以保持文明，就是因为可以从经验中获益。

塞缪尔·约翰逊先生常年与贫穷为伍，因为贫困，他曾经不得不流浪街头。也正是这些经历使他深感贫困的可怕以及节俭的重要，也让他认为，一个人想要变得富有，过上幸福生活，就必须节俭度日。他觉得节俭源自精明，它伴随着克制，又同时是自由之母。他曾经说过这样一段话："贫穷会让人无法抵制各种诱惑，也没有心情和精力去帮助别人，更让人无法坚持美德，走向自由，获得幸福。所以，如果你很穷，一定要尽早摆脱这种情况，并且最好通过自己的努力，而不是向别人伸手借钱，因为借钱会让人产生惯性和惰性。如果你可以维持温饱，甚至还很富裕，一定要记住，无论如何，都不能花光自己手里的钱，要时刻保持节俭的习惯，因为节俭可以使人享受闲适安逸，也可以孕育美德。如果一个人无法自保，自然也无法帮助别人。所以，我们必须首先保证自己的独立性，然后才能向别人伸出援手。"节俭意味着克制自己的欲望，却从不是沉重的负担。它可以使你的道德得到升华，使你的素养得到提高，也能使你获得最大程度上的独立，在最大程度上履行自己对家人，对社会的责任。要做到这一点其实一点都不难，只是每天节约下一点钱，然后把它们存起来。也许这听起来有些匪夷所思，但却是事实。

4.节俭和自尊的关系

节俭不仅能带给人财富，更能带给人尊严。而在走向节俭的道路上，通过克制自己，管理自己，你不仅可以赶走那些长久以来挥之不去的烦恼和忧愁，也能增强意志力，使自己的心态变得平和闲适，最终变得明智而谨慎。

这是一件很简单的事情。只要愿意，每个人都能做到。那些觉得自己做不到的人，纯粹都是自欺欺人。或者，如果他们真的没有说谎，那就是正在不可挽回地走向堕落而不自知。假使两个人的背景差不多，赚钱能力也差不多，决定他们命运的，一定是他们是否懂得节俭。如果他们觉得自己无法节俭度日，也确实从来没有节俭度日，无论赚多少钱，最终也会变成穷人，如果他们努力节俭，并一直坚持下去，一定会拥有一笔可观的财产。节俭一点都不困难。很多人都会喝酒，也会吸烟，而一杯啤酒，一支香烟都是很普通的东西，没有人缺了就活不下去，如果把用在它们上面的花销存下来，用不了多久，你就能看到显著的成果。如果一直保持挥霍浪费，那么在几年甚至几十年后，你在这方面的花费将十分惊人。只要坐下来仔细算算，就可以很明显地看到节俭的作用。

想要积累财富，就必须辛勤工作，保持节俭。只有这样，才能完成自我的独立，获得别人的尊重，也才能有足够的能力供养家庭。但是很多人并不明晰这一点，或者就算清楚，也不一定能做到。曾经有一位老板建议他的员工要攒一点钱，以备不时之需，但是当他再次问起这件事时，员工却这样回答："攒钱？算了吧。一开始，我是打算听从你的建议，只可惜昨天下了场暴雨，把我的钱都冲走了。""什么雨？"老板惊讶地问。在他的记忆里，昨天天气很好，一滴雨都没有下。"我喝酒去了，喝得大醉。"员工淡定地说。老板听得哑口无言，不禁嗟叹。

是啊，这员工是多么可怜啊！他只看得到眼前的利益，只关心自己的欲望，一点都不考虑未来，也不考虑周围的人也许会需要他的帮助。哪怕别人给他忠告，他也不以为然，依然我行我素，这是多么自私的行为。

无论何时，我们都应该清楚，作为人，我们是万物的灵长，我们具备才智，懂得爱，因此我们比任何其他生物都要聪明，理应明确自己的责任并努力承担责任，而不是像其他低等生物一样自私狭隘，甘愿沉沦，只考虑自身的利益，或者只为自己设定一个很低的目标，得过且过，自暴自弃。

想要获得别人的尊重，就要先尊重自己，想要尊重自己，就要先爱惜自己，因为只有懂得如何尊重自己、爱惜自己，才能懂得如何尊重别人、爱惜别人，而尊重别人、爱惜别人，承担对社会的责任，这些既是上天赋予我们的天职，也是人类存在的核心精神，更是生而为人的终极目标和终极追求。

自尊很重要，它是大多数美德的基础，它可以引导人们开拓进取、积极向上，也可以促使人们开发自己的潜力，改变自己的命运，但它一点都不难做到，因为我们是独立的人，是可以控制自己的人，我们可以拒绝随波逐流、听风使舵，我们可以用理智选择属于自己的道路，我们可以逆流而上、坚持自我，我们可以互相勉励、互相帮助，我们可以凭借明智的建议和对自我的良好控制，学会将眼光放得长远，将目标变得远大，稳健地走向自尊的怀抱，从尊重自己的身体开始，一直上升到尊重自己的心灵，不断提升自己的道德，净化自己的精神，最终过上节俭而幸福的生活，并时刻为不幸的到来做好准备。

在尊重自己之外，我们也要尊重他人，帮助他人。如果你真的做到了尊重自己，并决心努力把这种精神发扬下去，必然会影响到你周围的人，在不知不觉中促使他们提高和进步。而且，随着你品格的提高，心胸的开阔，你会更容易看到周围人的缺点，更加积极地去帮助他们。他们在看到你的成果之后，也会更容易就服从你，听从你，积极地跟随你的引导。这就像一个醉鬼无法教导人们戒酒，一个肮脏的人无法教导人们变得清洁一样，如果你自己都无法做到，又怎么能要求别人做到呢？就算你提出这样的要求，又拿什么让别人听从你呢？在物质生活上是这样，在精神生活上也是这样。只有自己先做到，才能要求别人做到。

只要每个人都这样努力提高自己，正直崇高的人一定会变得越来越多，一些不好的情况也必将得到改善，而每个个体的发展和进步，也必将导致社会的进步，因为社会是由人组成的，社会呈现的状态，其实就是人们呈现的状态。所以，从这个角度说，爱自己和爱社会相辅相成，相互统一。

当然，这都是很简单的道理，但还是有很多人不明白。因此，我们才有必要在这里讲清楚，以加强人们对它的重视。

5.做出改变才能拥有更多

无论在哪里生活，从事什么职业，只有愿意改变自己，并尽早做出成效，人们在看到效果之后，才会愿意以你为典范，学习你，模仿你。这是一举几得的事。因为在这个过程中，你通过改善自己，不仅提高了自己，也影响了别人，如果你一直这样做下去，还有可能影响整个社会。因此，自立、自尊、自爱，既是做人的基础，也是变革和向上的基本要求。

没有人能预测未来，更无法躲避突如其来的意外，最健康的人也可能生病，最强壮的人也会变得衰弱，人生充满意外，情况永远千变万化，正如同我们每天的生活，如果说有什么是不变的，恐怕只有死亡。无论如何，只要是人，就终有一死，没人可以逃避这样的命运。可是，尽管如此，我们依然有权选择自己的

道路和态度。我们可以控制自己，让自己时刻具备坚强的意志，不忘美好的品德，对道德尽义务，也对社会尽义务。

为了应对无常的人生，我们能做的最好的事就是及时做出准备。勤劳地工作，节俭地生活就是一个十分有效的方法。只有这样，在灾难和意外来临的时候，我们才不会软弱地呼救，或者虚弱地抱怨，为什么没有人来帮助我们，为什么我们会这么脆弱。因为，在很大程度上来说，只要处理得当，善于节俭，几乎没人会沦落到无力自保的悲惨境地。那些无力自保的人，并不是因为无力改善自己的境地，而是因为自己的无知，平时大肆挥霍，以至于在危难到来之时只能求助于外界。也许他们会得到帮助，却绝对不会得到任何人的同情。因为一切都是他们咎由自取，当然，自由和幸运也不会垂青这样的人。

想形成优良的品质，只能通过自己的力量。外界的力量，有时候虽然很强大，却绝不能敦促一个人长久地这样做。因为那不是出自于自愿，而是强制的行为。这种行为可以起作用，却无法从根本上改变一个人，让他们克制一点，理智一点，无私一点。甚至，法律完全无法改变一个人，哪怕连表面都不能，很多崇尚浪费的人都会蔑视法律，嘲笑法律，无论法律如何规定，他们都我行我素，不听劝告。他们的命运之所以会变得悲惨，根源绝不在于任何外部因素，而在于他们自己的无知和放任。但他们完全看不到这一点，他们认为是别人害了他们，从来不看看自己是怎么做的。如果在这个过程中，再混进一些心怀不轨的人，极力煽动人们，赞美这种浪费的行为，人们就会变得更加疯狂，并逐渐养成这样一种习惯——无论遇到什么事，他们都会把问题归咎于外界，自己从来不节俭、克制，也从来不从自己身上找原因，反而一遇到事情，就想寻求外界的帮助。当然，如果这种帮助是无偿的，那就更好不过了。

这是十分可恶的行为，这种思想会侵害人们的心灵，让人们的无知愈演愈烈。他们必须认识到，要从根本上解决问题，他们不能借助外界，只能借助自己。他们必须变得勇敢、向上，因为这种精神会让他们变得强大起来，也会帮助他们征服一切。无论你处于什么阶层，想做到这一点都不困难，因此你完全没有理由拒绝这样做。

在英国，越来越多的人通过工作，已经完全可以获得一份丰厚的收入。我们拥有大量的工厂和机器，可以提供很多就业机会，我们的商业经营运行正常，仓库里的货物总是被及时卖掉，有些甚至卖到了国外。我们的交通网也运行正常，铁路、公路、港口……所有的交通线路上都一片忙碌，一派繁荣，到处都是生机勃勃的景象，人们都在变得富裕，日子也都过得越来越好。虽然这些人，他们最终都会变老，他们的家庭也会逐渐扩大，这会为他们带来沉重的负担，但是只要稍微节俭一点，他们就可以顺利解决问题。通过节俭，他们不仅可以为未来的健康储蓄，不断提升自己的道德品质，确保人格的独立和自由，还可以逐步提高社会地位。

然而，目前来看，大部分人并没有这么做。在这商业兴旺的社会氛围中，节俭的品德变得前所未有地衰弱。时代的繁荣没有

让人们变得节俭，反而让人们更加肆意地挥霍。人们手里有了钱，并且有了越来越多的钱，脑中却不具备相应的理智和素养。和少数依然保持勤劳节俭的人相比，大部分人早把节俭抛到脑后，变得更加关注自己的欲望，更加推崇享乐，日渐浪费，也日渐堕落。他们一旦有钱，就会马不停蹄地花掉，一旦花完了钱，就立刻变得困窘不堪。他们拥有合适的收入，却不懂得如何利用这些收入。他们用大量的钱喝啤酒、吸烟、找乐子，从不为自己的将来打算，也不想承担任何社会责任。

这绝不是危言耸听——如果我们真的放弃了节制和对更高生活目标的追求，任由这种情况继续蔓延下去，人们幸福和美好的家庭，一定会受到不可挽回的破坏。

6.如何维持繁荣

在繁荣时代，人们的薪水越来越高，但是只要稍加留心，我们便不难发现，这些迅速多出来的钱，只有很少一部分能节约下来，剩余部分大多被用于各项没有多少意义的开销上，尤其是烟酒上。这就是当下人们的生活。物质上的繁荣并没有为人们带来高尚的品德和良好的生活习惯，反而为坏习惯提供了前所未有的温床，使它们日渐蔓延。

从这一点上，我们可以很清楚地看出，如果一个人目光短浅，奢侈浪费，不顾将来，哪怕拥有再多的财富，最终都会失去它们。为了使自己的生活得到保障，人们必须将节俭作为习惯，时刻准备迎接未来的风险，否则，他们会永远徘徊在饿死和撑死之间，丝毫没有回旋的余地，而他们自己根本不知道发生了什么，为什么会这样。

人们应该清楚，繁荣时期并不会永远存在，这是经济发展的规律。简单来说，就是有盛就有衰。因此，出于节俭的考虑，星期天不工作虽然是种惯例，却要辩证地去看。从现实来看，工人们之所以不想工作，并不是真的想休息，而是想用这些时间去享乐。如果他们手里没有足够的钱，他们自然不会这么做，可是现在他们的钱足以支付他们的账单。他们不去银行，也不去工作，只想好好地找点乐子。很多建筑行业的老板为了节约时间，保证工程质量，在工程开始前往往早就和工人们约定好，一定要趁下雨前把工作完成。但是，只要让工人们拿到足够的收入，他们就绝对不会照老板说的做，而会想方设法地把时间用于享乐，只有当手里没有多少钱的时候，才会重新想到工作赚钱。

这些辛苦赚来的钱就这样被轻率的挥霍。这不仅是个人的损失，也是社会的损失。由于这种行为的泛滥，每年在建筑业和纺织业等相关行业中，都要损失多达将近七百万英镑。这个数据是德文郡的博伊德统计出来的。

真正的繁荣不只是物质上的繁荣，更应该是精神上的繁荣。毕竟，人作为高等动物，不会只被来自身体的物质欲望支配，只满足于一时的口腹之欲，他们更应该具备理性和智慧，期待得到精神上的丰富，尤其是希望自己的灵魂变得高尚，道德得到提升，这是更高的追求，也是终极的追求。或者说物质的发展和繁荣只是一种表象，一种基础，只有在道德、理智、灵魂得到彻底的改善，并走向健康的方向之后，繁荣才会真正到来。

确实，农业、畜牧业、商业……几乎一切行业虽然都可以维持我们的生存，却不能从根本上解决这种问题。纺织物、工具、玩具、奢侈品的生产与销售会为我们带来金钱，但金钱并不能代表繁荣，更不应该成为生活的终极目标。我们能不能享受到真正的繁荣和个人品性有关，但是，个人品性如何，在这里并不起决定性作用。因为，如果人们手里有了更多的可支配收入，自然可以更自由地决定要不要提升自己的精神水准，但是他们并不一定会真的那么做。由于没有受过良好的教育，或者平时被过多损耗，这些人的收入确实在增长，但他们却没有将多出来的这些收入存下来，用于完善自己的灵魂，反而更加放纵自己，醉心于吃喝享乐，更加关注来自身体的动物性需求并疯狂地满足它们。这样，金钱就完全沦为了工具，收入的增长也就失去了它本该具备的意义。所以，收入的增长，经济的繁荣，不一定会带来精神的纯净和高尚。甚至，可能会恰恰相反，酿造出扭曲的恶果。毕竟，如果一个人不具备相应的觉悟和品性，手里的财富越多，也就越容易走向歧途。

国家繁荣自然值得提倡，可是，只是物质上的繁荣并不会真的让民众的生活变得富足。随着数不胜数的商品被制造出来、销售出去，人们确实变得比以前更富裕了，却仍然不知道如何将富裕保持下去。如果这种情况持续下去，社会的发展进程并不会加快，国家和民族也不会真正繁荣起来。想要解决这种问题，真正的答案藏在人们的心中。只有拥有良好的认知、高贵的个性，人们在拥有财富之后，才会懂得如何合理地利用它们，管理它们。这是每个人都急需重视的问题。如果仍然忽略它，轻视它，金钱虽然会被你拥有，但早晚有一天会全部流失，就像什么都没发生过一样。

有一位来自英国南部的人，趁着感恩聚会的机会，他为曼彻斯特主教写了这样一封信。在这封信里，他详细描述了一部分农业工人的生活。他认为，和之前相比，这些工人的收入得到了显著的改善，但他们的理性和智慧并不足以和高收入相匹配。因为在变得富裕以后，他们并不会利用这些金钱，只会将它们用于喝更多的啤酒。这是十分遗憾的事。繁荣带来金钱，金钱却不代表繁荣或者民族的崛起。当然，繁荣和民族的崛起都需要金钱，但那不是繁荣和崛起的真谛。只有保持美好的德行，并让它们在社会中传播、立足，为民众创造舒适和安全的氛围，努力增加人们的幸福感，才能达到真正的繁荣。

想要达到这个目标，就必须坚持勤劳节俭，杜绝放纵浪费。当然，勤劳不代表要透支自己的精力，节俭也不代表要做个吝啬鬼。那不是正确的做法。我们提倡的勤劳，是对工作充满热情，并积极投入到工作中；我们崇尚的节俭，是削减不必要的欲望，合理规划生活，为未来做好准备。

居安思危并不是杞人忧天，只是意味着在一帆风顺的时候，要考虑到未来可能潜藏的暴风雨，并随时准备战胜它们，就像即使在枯水期也要认真做好防洪工作一样。平日里，哪怕是一点很小的积累，在意外发生的时候，都有可能会成为影响结果的决定性因素。

勤劳地工作，节俭地生活，这是保持个人自尊自立的法宝，也是带领家庭通向幸福、富裕的生活的钥匙，更是促使社会健康发展的唯一途径。

第三章　浪费是灾难之母

●除了那只傻乎乎的白金酒杯,没有人能控制你,压制你,限制你的自由,取消你的公民权。你不是任何人的奴隶,只是欲望和酒杯的奴隶。明明是你自己失去了理性,不能控制自己,你却在喋喋不休地抱怨,是别人拿走了你的自由。这可真是十分愚蠢的行为。

——卡莱尔

●无论在哪里,身处什么环境,只有那些懂得控制自己,约束自己的人,才会拥有健康幸福的生活。

——J.J.戈尔尼

●他们简直没有任何常识,也一点不考虑未来。他们是如此鲁莽。他们早早结婚,生一大堆孩子,交济贫税,进济贫院……

人们出生，受难，死亡……这种缺乏远见的情况，在世界上任何一个国家，哪怕是十分落后的国家，都远远没有英国这样严重。

——利顿勋爵

● 如果一个男人有妻子和孩子，就必须承担风险，履行责任。

——培根勋爵

● 在任何社会中，不幸和灾难都不会凭空产生。所有的苦难都源于人性之恶，而且点燃这种邪恶的正是人们自己。

——丹尼尔

1.不幸源于浪费

就目前来看，在整个世界范围内，英国无疑是相当富有的国家，这是令每个英国人都应该感到自豪的事。我们拥有数不胜数的机器和工厂，它们被勤劳的工人们驾驭，不分昼夜地运转，生产出琳琅满目的商品，再由精明的商人们销售到世界各地，换来大笔大笔的黄金，不断充实国家的金库，并再次投入到生产中去。

我们的国家，像一种永不停歇的动力源一样，为世界指出方向，引领世界前进。这种良性循环导致了财富的迅速积累，也引领民众走向富裕。这是一种十分惊人的循环，在任何国家或者地区，都从来没有发生过这样的情况。可是，在这种繁荣景象的背后，却藏着一些并不和谐的声音。显而易见，社会并不是一片祥和，财富虽然被创造，被聚集，痛苦和不幸却并没有被消除，它们甚至都没有稍微减少一些。很多人，尤其是活动在农村、工厂、矿山的下层劳动者们，依然在温饱线上挣扎，不得不过着贫困的生活，始终无法改变自己的命运。这是在国会报告中多次出现的问题。

诚然，这些贫穷的人都试图让自己的生活变得美好一些，但现实却无法让他们得偿所愿。他们可以靠富人救济过活，但是这救济的影响微乎其微，完全无法从根本上让他们摆脱窘境，甚至连他们当前的问题都解决不了。而且，最主要的是，他们并不珍惜被救济的机会，也并不习惯于利用这些救济开展自救。这种糟糕的态度和他们始终处于的糟糕境况，实在很容易让人失去热情和耐心。如果你一直在帮助一个身处苦难中的人，而他自己并不做任何努力，只是在无穷无尽地消耗你对他的帮助，就算你再仁慈，再同情他，又能坚持多久？人们虽然乐于帮助别人，自己也要维持生活，而他们之所以愿意帮助别人，不过是因为他们同情对方的遭遇。可是，如果总是这样，在这种情形下，维持救济者与被救济者之间的同情很快会被耗干，富人不愿意救助毫不上进的穷人，穷人觉得富人为富不仁。贫富差距越来越大，对贫富的认识也愈加背道而驰，最终，巨大的鸿沟产生了，社会阶层也变得愈发对立。

没有人会甘愿贫困。如果贫困的人越来越多，无论是什么导致了他们的贫困，冲突都会随之产生，而冲突是财富的最大敌

人,一个文明开化的国家,为了保持自己的进步,一定会避免这种情况的发生,致力于合理利用现有的资源,尽力消除贫困。最重要的是,要从根本上消除贫困,而不只是用表面的、金钱上的援助,企图帮助穷人们度过一时的难关。这样做对他们的未来完全于事无补,反而会让他们变得自私和贪婪。毕竟,不是由自己赚来的钱,很少有人会珍惜,所以这些钱非但不会改善境遇,还会带来更大的挥霍和浪费。

2.不幸源于无知

现代是财富的时代,大家都喜欢金钱,厌恶贫穷。每个人都怀着巨大的热情,不惜一切代价地去追逐财富,每个国家都把获取财富作为自己的发展目标,放眼所及,如果一件事完全和财富无关,必然会跌落到无人问津的地步。

正是对财富的向往才会导致人们去创造财富,积累财富,并最终促进社会的进步和发展。但是,并不是所有人都可以享受到富裕带来的好处。社会财富的增多从来不会均沾到每个人身上。当然,从人格上来说,大家都是平等的,没有人会高人一等,只是他们好像总是缺了点运气,或者一些别的什么东西,正是这些让他们永远无法变得富裕起来,更无法从这个日渐富裕的社会中找到自己的位置。

这是随处可见的现实,无法被忽略,更无法被消灭。他们像其他任何人一样存在,一样生活,一样思考,一样对外界造成影响。甚至，他们虽无比穷困，也从来没有思考过自己贫困的原因，却像大多数人一样无比渴望金钱，崇拜金钱，追捧金钱。而且，这种强烈的欲望，因为从来都没有被满足过，甚至比已经坐拥财富的人还要强烈许多倍。但是，越是这样的人，越不知道应该如何改变现状，或者可以说，他们甚至从来都没有想过要去改变。贫穷限制了他们的眼界，眼界使他们更加贫穷。这是一个恶性循环，一旦踏入，几乎就没有跳出来的可能。

因为手里没有多少钱，他们只能过着枯燥而简单的生活。吃饭，工作，喝酒，睡觉，像机器一样活着。每天都是如此，每年也是如此，也许一生都是如此。因为手里没有多少钱，他们见惯一切苦难和邪恶，并对此不以为意，而且，十有八九，他们也会沾染相应的恶习，麻木地对自己，也麻木地对别人。因为手里没有多少钱，他们无法负担昂贵的娱乐活动，只能喝廉价的啤酒，醉心于放纵与享受，企图用这些来抵挡无情的现实，或者试图暂时忘却现实，一点都不去理会自己的精神、道德。因为手里没有多少钱，他们习惯于只看今天，不管明天，只要手里有钱，就一下子把它们都花光，一点都不考虑未来，更不会思考——自己会不会陷入无助的境地，会不会生病，会不会出现意外之类的事情。

在日复一日的贫困中，他们的意志被消磨，他们的道德被腐蚀，他们被飞速运转的社会抛弃，也被人类文明所抛弃。

教育是一种很好的方式，它可以让人们告别蒙昧，走向文明。当然，这也是一件十分耗时的事，无法在短时间内取得很好的效果。爱德华·丹尼逊议员的做法就足以证明这一点。这位议员来自纽渥克，现在已经不幸离世了。他睿智地认识到了教育对人的重要性，以伦敦东部为试验区，花费了大量时间和精力，用于对下层民众的教化。

之所以选择伦敦东部，丹尼逊先生有着十分充分的理由。在他看来，在英国，简直没有比那里更糟糕的地方了。那里的居住环境差得惨不忍睹，到处都是灰扑扑、脏兮兮的，而且那里的犯罪率和患病率也比其他地方高出许多。居住在那里的人，大部分都在贫困中挣扎，只关心自己每天的吃喝，几乎没人受过高等教育。他们不想奋斗，也不明白知识的重要。同时，一旦到了冬天，这里每年都要饿死好几千人。

得知这种情况后，丹尼逊先生十分忧心。他认为，英国现在可以说是世界上最富裕的国家，但是很大一部分国民却不得不面临饿死、冻死的厄运，这实在是很荒唐和悲惨的事情。只是，他也不是很清楚到底应该如何改善这种状况。目前，他能做的只是用铁皮在当地新建一座两层教堂，照顾到人们的精神需求，再开一些俱乐部，企图让人们告别酒馆，贴近书籍和高雅的游戏。没有人会知道这些举措会不会起作用，会起多大的作用。因为在处理这种问题上，我们并没有前车之鉴。不过，有一点是已经确定的，那就是在短短二十年时间内，我们确实已经取得了相当可观的繁荣，而这繁荣既带来了幸福，也带来了不幸。我们需要承担起相应的义务，积极地去考虑这个问题，并尽力去解决它。

3.生活信条的重要性

　　从上述的举措中，我们可以很清楚地看到，面对这个问题，丹尼逊先生显然更倾向于相信教化的力量。他认为，如果人们能接受一定程度的教育，逐渐变得节俭起来，很多事，包括贫困和疾病，就可以在很大程度上被避免。

　　丹尼逊先生还有这样一种看法。经过调查，他觉得，在现实生活中，没有人会达到绝对的贫困。人们之所以陷入贫困，主要是因为自己那些糟糕的生活习惯。只要他们的眼光可以稍微放得长远一点，懂得如何节俭度日，在失业或者生病，或者遇到其他意外的时候，就不至于太过窘迫。每个人的生活都不会是一帆风顺的。困难总是随着生活而来，它像空气一样无处不在。但是，如果大家都节约一点，日子便会好过得多。哪怕是最穷困的人，也能做到尽量节约自己拥有的资源。尤其是需要养家的男人，更是有责任需要这样做。以码头工人为例，如果他还年轻，体力充沛，又不需要照看妻子，那么，假使他可以将自己一半的收入存起来，基本就可以应对大部分的意外。

　　如果大家都这样去做，要不了多久，最多只需要两代人的时间，贫困的现象就会大大减少，疾病也将变得不那么可怕。如果我们的法律可以更加规范一点，并由政府强有力地执行，人们心中便会重新燃起希望。到那时，义务教育也将被普及，人们受了教育，行为有了规范，健康状况自然会得到改善，精神境界也会提高，在这样的条件下，他们自然会认可节约的价值，并使这种美德成为一种风尚。

为了研究这种现象，丹尼逊先生特意将英国工人和根西地区居民进行对比，并得出了这样的结论。

"其实，贫穷和贫穷之间是有区别的。这是我在那里亲眼见到的事。在英国，大部分工人在拿到工资前，通常过得紧巴巴，而在拿到工资后，就马不停蹄地把它花掉；但在根西，这种情况很少发生。这里的人们并不那么依赖固定收入，他们更注重发挥自己的作用，而不是寻求别人的帮助。他们节俭地生活，精神却自由得多。当然，他们的外部环境不比英国工人好多少，因为他们同样要遭到雇主的呵斥和刁难，但是在这种不是很好的环境中，他们却学会了如何节俭地生存。他们过得简单而有条理，大部分人很少吃肉，也基本不买奢侈品，只靠一种油脂汤过活，油脂汤里只有卷心菜，豌豆和一点油。很多家庭都会养奶牛、猪、鸡、鸭等家畜、家禽，但他们饲养这些动物的初衷并不是为了满足自己的口腹之欲，而是为了买卖肉类和副产品，再把赚来的钱用来买地，买股票，以及一切能增加财富的活动上。"显然，丹尼逊先生更喜欢根西人的生活方式，对大部分英国工人的做法深恶痛绝。这是一种高贵的看法，只是以他一己微薄之力，实在无法改变那么多人。他确实做出了努力，影响却微乎其微。毕竟贪图享乐是人之本性，崇尚节俭却需要崇高的品德。其实，浪费和放纵不仅盛行在工人之间，在更高的阶层里，这种现象也同样存在，而且表现得更为夸张。如果说，工人们热爱挥霍，不知节俭是因为眼界的狭窄、知识的缺乏，这些更高阶层的人那么做，显然不是因为这些原因。若是追究起来，他们会用更高级的借口为自己辩护，但是无论用什么借口，都不足以掩盖他们生活得荒淫和放荡的事实。

实际上，以英国工人的勤勉程度和对技能掌握的熟练程度，以及丝毫不低于任何专业人士的薪水，他们本来可以过上更加安逸舒适的生活，也不应该受到任何的责难。因为他们确实不比任何国家的工人差。但是，事实并非是这样。他们的优秀没有让他们更幸福，反而让他们过得更糟糕。之所以会出现这种情况，都是因为他们没有控制好自己的欲望，沾上了挥霍浪费的坏习惯。他们一消费起来就不顾后果，这正是导致他们深陷贫困的重要原因。

现在，经济发展得很好，贫困并非很普遍，节俭的好处也没有很好地体现出来，但是，当经济发展速度减慢，或者当他们个人遭遇失业、疾病等麻烦的时候，他们就很容易陷入贫困之中了。

无论一个人多么擅长赚钱，如果总是醉心于身体的需要，喜欢挥霍无度，始终不慰藉自己的精神，不考虑将来，也从没有养成节俭的好习惯，他就永远不可能过好自己的日子。因为他的消费欲望是扭曲的，不健康的。所以，就算他赚再多钱，也不可能明晰自己为什么会遇到那么多困难，更不知道应该如何解决困难。这样一来，他们就很容易被突如其来的意外卷入绝境，无可奈何，无计可施地期盼自己的好运气赶紧到来或者得到上帝的垂青。

4.坏习惯导致灾难

经济的繁荣或者衰退都是有着一定周期的。它是客观存在，不受情感影响的，更不会因为人们的贫困生活发生任何改变。

繁荣和衰退必定交替出现，正像埃及法老时而梦见瘦牛，时而梦见肥牛。当经济发展到了一定程度，市场达到饱和，市场需求降低，由于刺激生产的动力变小，生产规模也会变得越来越小，接近停滞。当这种情况发生的时候，很多工厂都会倒闭，大量工人要面临失业的窘境，生活也会变得越来越困难，危机频发。这会压垮很多人，尤其是那些没有积蓄、不看未来的人。

目前，这种状况已经在小范围内出现。贝克先生对此做了一份报告。在报告中，我们看到——住在工厂附近的人们，也就是工人们，他们大多数已经失业超过两个星期，而且，因为之前没有任何储蓄，他们正在缺吃少穿，连最起码的生活都很难维持下去。

如果他们在以前的日子里，多考虑一下未来即将面对的风险，减少挥霍浪费的次数，现在自然会好过得多。但是，这种不加节制已经成为他们身上最普遍也最致命的习惯，以至于哪天一旦失去眼前的收入，他们就会手足无措，不得不典当那些本来就少得可怜的家具和钟表，以换取一些急需的生活费。而当这条路也走到尽头的时候，他们就会一贫如洗，不得不暂时抛弃自己的尊严，借助慈善机构的接济勉强度日。

无论从哪个角度说，人们之所以不得不忍受贫困，遭遇不幸，完全是因为他们放纵了人性中恶的那一面，放纵自我、不知节制、自甘堕落，并对这些习以为常。

罗瑞斯先生的调查也可以证明这一点。这位先生专门调查了一些在南斯塔福德郡工作的矿工和炼铁工人。他们的收入都不低，却一点都不知节省，反而随意地挥霍自己的财产。或者说，用挥霍来形容这种行为，已经是很客气的了。如果说得更准确些，这应该被称为鲁莽。无论年轻或者年老，无论单身还是已婚，他们都习惯用简单粗暴的方式去与人相处，也用同样的态度处理麻烦，一点都不注重这是不是会影响自己的形象。优雅、节制和勤奋和他们根本不沾边。而且，他们并不认为这有什么不对。他们对工作漫不经心，却特别喜欢闲逛或者聚会。探望生病的朋友，庆祝朋友的婚礼……他们把宝贵的时间浪费在大量诸如此类的事情上，只为了能够整日整夜地狂欢，散掉自己来之不易的财产。当然，对待信仰，他们也像大部分人一样虔诚，当面临困难的时候，他们同样喜欢祈祷，只是，他们很少相信自己的力量，反而更相信世事无常，命运不可更改。他们也会注意到，有时候自己手里钱多到花不完，有时候又一分钱都没有，却不知道这是为什么，也不愿花时间去思考。

每到周末，他们领了工资，就开始大醉狂欢，疯狂挥霍，直到把所有的钱都花光。星期一早上醒来，他们通常会找各种各样的借口拒绝工作，这种情况也许会持续到星期二。接下来几天，他们偶尔会去工作，但是他们家里会是一片乱七八糟的景象，因为他们根本不会去收拾，这种情况一直会持续到周末。然后，当他们领了工资之后，一切又开始循环。

长此以往，导致的最直接的现象，就是虽然他们领着高额工资，日子过得却还是一团乱麻。他们无力支付孩子的学费，也不足以养活自己的家人。他们住在泥泞不堪的小路附近，墙上全是裂缝。他们没有完善的排水、供水和通风设施。他们贫困地活着，也贫困地死去。

5.拒绝挥霍浪费

虽然人们已经认识到这个问题的严重性，并且已经积极地做出行动，试图改变这种状况，但是那些新出台的政策，无论是减轻关于工人的税收，还是干脆彻底免除需要救济的人的税务，都没有起到应有的作用。当然，他们的生活已经被这些措施所影响。然而，那些挣扎在贫困中的人们的实际情况，并没有因此而得到更多的改善。

如果能尽快落实这些政策，结果一定是令人满意的。不仅穷人的境况会得到缓解，社会矛盾也会缓和许多。毕竟每个人都会影响社会，穷人也是如此。不过，凡事总需要一步一步来。如今，政策刚刚实施，想要彻底落实，一定还需要很长的时间。

关于税收问题，具有远见的工人富兰克林这样表达了他的想法："如果我们只需要向政府交税，这不成什么问题，但是，除了交税以外，在生活中，大部分工人还有很多地方等着用钱。这些需要用钱的地方加在一起，使我们的负担变得愈发沉重。比如，我们需要用同等的钱为虚掷光阴付出代价，而我们为傲慢和无知付出的代价比这还要重上许多。这些代价远远不是减轻税收可以解决的。"曾经有一个工人团体为了减税的问题专门去拜访约翰·卢赛尔勋爵。这位勋爵这样回复他们："你们总觉得政府收了太多的税，可是你们自己又是怎么对待自己的？每年，你们都要花上高达五十万去喝酒。哪个政府会收这么多的税款？实际上，只要你们稍微节制一下，完全可以改变很多事情，又何必低三下四地来请我们少收点税呢？"我们不得不承认，现行的法律并不完善，税收也存在很多问题。但是，只要人们还不懂得节俭的作用，并努力克制自己，就算法律和税收都变得无比完美，贫穷的问题也不会从根本上被解决。欲望是如此容易膨胀，人们是如此容易被诱惑。浪费时间、浪费金钱、放纵自己、任性妄为，很多人都在不知不觉间走上了这条不归路。他们为了一时的享受和快乐，毫不犹豫地花掉自己的全部收入，不想为生活做任何计划，不考虑将来的风险，也不想把日子过得更有条理一些。他们只管今天吃好玩好，不管明天缺吃少穿。如果把这种想法当成人生信条，无论是谁，都只会收获灾难和绝望。

但是，如果我们及时认识到这一点，并尽早行动起来，一切都还来得及。要达到这个目标，我们必须首先动员那些工人，积极地教育他们，使他们变得理性起来，学会规划生活，并使他们开始养成节俭的习惯，逐渐习惯理财，严谨地对待自己手中的任何资源，杜绝浪费。只有这样，他们才能生活得更舒适，也才会认识到道德的重要性。

也许，想要看到效果，需要长达两代人的时间。这是丹尼逊先生的看法。在我看来，这种想法未免过于乐观。文明总是逐渐进步，社会的发展也不能急于一时。想要提高公民素质，使混乱的生活变得有条理，也不是一蹴而就的事。就算已经开始行动，距离我们最终要达到的目标，也还有很远的一段距离。这不是几个月甚至几年就可以完成的。所以，想让这种情况从根本上得到改善，也许需要足足花费几代人的时间，对个人来说，这当然是一个很长的过程，但从人类发展的角度来看则并不是。在漫长的时间长河里，这些时间只不过是几滴水珠而已。更何况，想要征服苦难，就必须经历这些。

苦难是令人悲伤的，但毋庸置疑，苦难终将过去。在我们祖先的时代，世界比现在要黑暗得多。那时候，人们鄙视劳动，劳动者都被当作是坏人和农奴，可以和土地一起随意买卖。然而，现在，这种情况一去不复返。世界发生了翻天覆地的变化，这多么令人激动！而现在，我们不过需要控制自己的欲望，使自己变得节制一点。和我们之前经历的那些苦难相比，并非难事。

第四章　自力更生

●即使你可能并不靠爱和劳动去生活，但如果你拥有它，并一如既往地坚持它，就能使身体保持健康，精神保持愉悦。而且，这两样东西还能有效地帮助你抵制懒惰的恶习。

——威廉·佩恩

●克制自己，自力更生，它们将使一个人热爱学习，勤奋工作，始终坚持精打细算，自食其力，尽到自己该尽的职责。因为它会让人清楚——人生在世，只有喝自己水池里的水，吃自己赚来的面包，才是最荣耀的事情。

——培根勋爵

●只有完全贫穷的人，才能随心所欲，任性妄为。富有的人从来不可能那么做。哪怕他坐拥百万资产，也绝不会那么做。只要拥有一个卢布，也会考虑很多事情，绝不可能获得完全的自由。

——莱蒙特

1.职业并不完全决定收入

在英国，很多工人的工资远比一些专业人士还要高。也许你会觉得这是不合常理的事，也许你不愿意承认这个事实，但这却是真实存在的、被大家熟知的事实。来自蓝皮书的数据，报纸的报道都足以说明这一点，矿主和纺织厂主也可以证明，他们的成本有很大一部分都是因为要付给工人们高额的工资。

如果家里的孩子可以去工厂工作，赚到合适数额的钱，会在很大程度上改善家庭的整体收入情况。这是经过调查证明的事实。以棉纺工厂为例，在那里工作并不需要掌握多么精湛的技术，但大部分工人的工资都在一周三英镑以上。这样，他们一年下来，就可以赚一百五十英镑。而且，那些在矿上工作的人，他们每周的收入比棉纺工人还要多一两个英镑。这样，他们一年就可以赚二百到二百五十英镑。这是一个铁矿主最近在报纸上报道的消息。如果做了炼铁工人，收入还会更多，例如，一个轧钢工，只通过处理薄钢板，一年就会轻而易举地赚到高于三百英镑的工资。这不是一笔小钱，和外科医生、公立学校的教师相比，这些工人的收入向来是可望而不可即的。也正因此，在一开始，我们会说，工人的收入远远高于很多专业人士。

也许这样对比出来的效果不是很明显。如果是这样，我们还可以换一种说法——做钢轨的轧钢工的收入相当于皇家禁卫军中的中校；做薄钢板的轧钢工的收入相当于皇家禁卫军中的少校；做粗钢的工人的收入相当于皇家禁卫军中的中尉。对此，甚至有人这样估计——过不了多久，这些底层工人的收入，将会远远超过英国中产阶级的平均水平。

在布莱克伯恩，很多工人的周工资都大于五英镑。这样，就算每个家庭只有一个人外出工作，这个家庭的年收入也应该在二百六十英镑左右。更何况，在大多数家庭里，很多孩子也在工厂里工作。所以，大部分家庭的实际收入会比这个数字更大一些。

一个毛纺工人的周工资大约是四十先令，如果更加勤奋一些，可以拿到六十先令，一个机车工人的周工资为三十五先令到四十五先令，如果技术精湛，可以拿到更多。不难看出，即使是粗略地估计，他们的年收入也可以轻松达到一百到一百二十英镑。

这些数据都是那里的一位工厂主提供给我们的。除此之外，那位工厂主还表示，如果只是维持正常的生活，他们每星期只需要花费不到三英镑，剩余的金钱，按照逻辑，应该存起来，以备不时之需，但他们并没有这么做，除了必要的吃穿，他们往往还有大量的花销。这些花销大多集中在喝酒上。这可真是一件值得人们好好思考的事情。

不过，也许这种情况还并不普遍，在伯恩利地区，工人们就

第四章　自力更生

并没有那么做。因为那里的消费水平一直维持在很高的水准上，所以那里的工人只是维持自己的日常生活就花掉了大部分收入，他们根本没有挥霍的资本。但是，在伯恩利，大部分年轻男孩也为家里赚钱，而且他们赚钱的本事并不差。大部分14岁左右的男孩，如果在工厂工作，周工资大多在十九先令左右。这些钱组成了家庭收入的很重要的一部分，大大增加了一个家庭的总体收入。所以，尽管他们的消费水平很高，有了这部分钱，情况也会缓和不少。

2.收入越高越幸福？

高额的工资是不是意味着高度的幸福？幸福是不是和高收入挂钩？要回答这些问题，我们应该看看现实中的例子。

有这样一个矿工家庭。父亲通过带着四个儿子勤恳地工作，每年都可以赚九百英镑，凭借这笔钱，他们又买了四所房子，也拥有了自己的企业，从工人变成了工厂主。他们厉行节约，精明严谨，把自己的事业做得很好。当然，在这个过程中，他们也敏锐地发现了自己的不足，开始接受更多的专业教育，努力提高自己。这个例子足以证明，只要勤恳劳动，懂得节约，生活就可以被改善，地位也可以被提高。

但是，在成功例子的背后，总是隐藏着更多失败。更多的矿工没有这样的眼光，于是他们的境遇自然也不会如此幸运。他们既不勤劳，也不懂得节制。他们被懒惰和放纵所侵蚀，把勇气和意志统统抛之脑后。他们不热爱工作，或者说根本不想工作。他们每周最多工作三天，在拿到工资后，很快便把钱花在喝酒和享乐上。他们嗜酒如命，乐此不疲。他们热衷于马戏团、表演以及任何能找乐子的娱乐活动。一听到哪里有诸如此类的活动，他们总是早早做好准备。他们在休息日无休止地放纵、酗酒、打架、闹事、惹麻烦，一直到工作日再次到来，才无精打采地重新回来。

对于工人来说，高工资却带来了很多在低工资时期根本不会发生的事。在低工资时期，镇上的法院受理的案件不多，情节也很简单，通常只需要一个小时就能结案。但是，在高工资时期，法院不仅需要更多的法官，情况也混乱得多。各种各样的案件层出不穷，纷繁复杂，想要结案，通常需要一天甚至更多的时间。几乎每个法官每天都要面对很多鼻青脸肿、头破血流的工人，倾听他们的纠纷，裁决一些连他们自己都弄不清楚的事情。

在正常的概念里，如果能得到更高的工资，也就可以过上更好的生活，获得更高的社会地位。但是，现实情况并不是这样。对大部分工人来说，高收入意味着更多的闲暇时间，更多的酗酒、闹事以及更混乱的社会。

如此看来，高工资带来的好处并不多。然而，引起这些问题的，真的是过高的工资吗？

3.藏在高工资背后的危机

对于任何人来说,尤其是现在的英国工人来说,工资不会永远维持在一个很高的水平,就像天气不会总是那么晴朗一样,因为随着经济发展,工资的水平也在起伏中,如果经济发展得好,工资自然会高,如果经济发展的速度减慢,工资自然也会下降。所以,如果工人需要靠工资维持生计,就必须要面临动荡。如果能够抓住经济的脉搏,时刻做好准备,再加上一点精明的头脑,就可以把握住合适的时机,赚更多的钱,让自己生活得更好。

但是,想要达到这一点,需要高度的自我克制。而这种美好的品质,很多人并不具备。比如,那些在煤矿工作的工人,如果只是想维持温饱,只需要每周工作三天左右。因此,大多数人真的只是那样做,把多余的时间用于挥霍和享乐,而不是继续勤奋地工作。他们贪图安逸、惰性深重,他们的神经不够敏锐,斗志也不够昂扬,他们完全不想做命运的主人,只想顺其自然,混混日子。

这是一种很危险的情况。尤其对于工人来说,如果想安稳地活下去,就必须改变这种状况。矿产终将耗尽,经济也避免不了萧条的命运。这是经济规律,完全无法被改变。当然,他们还没有清楚地认识到这一点。他们更愿意把经济萧条归罪于政府,大多数人也正是这么做的。面对庞大的经济体系,他们只能简单地认识到,只要保住煤的价格不下跌,他们的优厚待遇就能一直维持下去，可是，价格并不只是价格，这是一种宏观的规律，很难被人所影响。

当经济跌入低谷，工人们安逸的日子很快会被打破，他们不得不重新考虑衣食的问题。但是，现在由于他们拥有大量的金钱，一点也不愿意考虑以后的事情，也不觉得自己的钱应该被合理分配、利用，只是随心所欲地挥霍着。

如果这种情况一直持续下去，到了经济低谷之时，他们会惊讶地发现，自己以后的日子会过得无比窘迫和困难，哪怕政府给出再多的济贫税，也只能暂时改善生活，根本无法使他们得到彻底的拯救。

为了唤醒这些被挥霍和惰性俘获的工人——在他们之中，大部分人疯狂地热爱旷工，甚至有人在一整年中休了三分之一时间的假期，埃科勋爵去特伦特村发表了一次演讲。在演讲中，他试图告诉工人们一些显而易见的道理，并说服他们那样去做。

"我认识一个年轻人，他是皇家卫队的一名士兵，在经济低迷的时候，他每天的工资仅有五先令，后来，他死于一场战斗。你们的命运是何其相似。为了赚钱，大家都要冒生命危险，既然如此，在千辛万苦赚到钱之后，为什么就不知道珍惜一下呢？如果可以靠自己的力量勤奋地工作，慢慢将财富积累起来，很多人的社会地位都会提升，甚至还有可能成为煤矿主。这是我乐于见到的事情，也是对生活始终抱有希望的人希望见到的事情。"不得不承认，这位勋爵能说出这番话，实在是具备惊人的道德勇气。因为，毋庸置疑的是，想要达到他说的标准，实在是需要勤俭的品质。不巧,大部分工人都不具备这一点。

繁荣的经济带来前所未有的金钱,这些金钱改善了人们的生活,也腐化了人们的生活。这些金钱提高了人们的收入,也使人们变得堕落。说起工作,人们越来越表现得厌倦,提不起一丝热情。人们觉得工作不是一件值得开心的事,而是对自由的束缚和对生活的羁绊。社会变得肤浅而浮躁,没人愿意坚持传统的工艺,反而更愿意做商贸活动,这种迅速发展的繁荣削减了我们的特色,腐蚀了我们的品德,使我们的金钱飞速外流,也使我们越来越依靠外国。人们远离了勤奋,变得日趋懒惰,远离了节制,变得热爱挥霍。

对于这种短暂的繁荣,工厂主是怎么看的?

"酗酒,闹事的人越来越多,人们的素质根本没有达到那个程度,就忽然获得了高额工资和投票权。他们根本不知道应该如何应对。大多数工人都会在下次发工资之前,毫不犹豫地花掉自己上次获得的工资,只有很少一部分人懂得节约的重要性,这真是令人担心的情况。"南威尔士的一位工厂主持有这样的看法:"如果说工人们都不节俭,这是不明智的。因为他们中的一小部分人确实明晰节俭很重要,也确实谨慎地安排自己的金钱。他们大多会投资房产。但是,大部分工人还是过于鲁莽,他们习惯于提前消费,而且热爱喝酒。他们花大量的钱喝酒,把自己搞得酩酊大醉,完全不想去上班。因此,每周三以前,工厂里都没有多少人。然后,工厂的规模会受到影响,效益也会降低,但是越到这个时候,工人们就越发地勤奋。当面临真正的危机,比如说失业或者更少的工资，他们会立刻像变了一个人一样，前所未有地努力工作起来，也没有以前那么频繁地喝酒了。这让人觉得很奇怪。当工资变高的时候，我们期待的繁荣并没有出现，反而当工资变低的时候，道德和物质方面都变得出奇的健康。"在比尔斯顿，工人们同样过着混乱的生活。那里大约有六千名矿工。每年，他们只是买酒，就需要花费超过五万英镑。很多精明的商人摸准了他们贪图享乐的脾气，专门为这些工人提供丰富多样的肉类。除了矿工，很少有人会去买这些肉类。这些矿工确实十分热爱吃喝，醉心狂欢，尤其是到了周末。他们会买很多的好酒好肉，然后呼朋引伴，好好地来一场放纵。从这一点上来看，他们的日子过得比工厂主们好多了。很多工厂主节俭到近乎吝啬。他们不仅不会买精细的肉类，甚至连新上市的蔬菜、水果都舍不得买。如果他们买了这些东西，一定是因为这些东西已经上市很久，不需要花太多的钱就能买到。

在布莱克伯恩，有对比效果更加强烈的两个家庭，几乎可以代表两种完全不同的生活情况——有一个家庭，父亲是公务员，带着妻子和四个孩子还有一个佣人。这家人用每年二十英镑的价格租了一栋房子，然后用每年五英镑的价格把房子的地下室转租给了另一个家庭。另一个家庭的父亲是矿工，同样带着妻子，还有五个孩子。但是，在公务员的家庭里，无论什么时候，一切都整整齐齐，井然有序，在矿工的家庭里，一切都乱七八糟，局促不安，只有周日除外，因为他们领回了工资。他们是如何处理工资的？首先，他们会从当铺赎回自己的衣服，然后大吃大喝一顿，从周末一直到周一。周二和周三，他们还可以勉强度日，到了周四，他们的钱已经要花光了，于是又不得不典当衣物，换钱度日。最重要的是，他们之所以会过成这样，并不是因为他们的收入低。他们的总收入和公务员家庭差不多，甚至还要更高一些，但是他们依然过着那样混乱而不堪的生活。这足以让人们意识到，很多时候，能不能把生活过好，凭借的不仅仅是金钱，更是精神上的东西。

在桑德兰，工人们的生活也差不多。他们拿着高额的工资，过着放纵的生活，只关心现在，完全不考虑未来。有一个经验丰富的铸铁工，常年拿着每天一基尼的高收入，却把这些钱都花在了喝酒上。因为酗酒误事，雇主已经降低了他的工资，现在，他每周只能赚一英镑。这是经过爱丁堡的查博先生证实的事。对于这种状况，查博先生深感遗憾。

虽然收入不低，但是因为无休止地挥霍，这些工人通常都没什么积蓄，一旦面临失业的难题，只需要一两周甚至更短的时间，他们便会无法维持最基本的生计。不幸的是，他们又大多有酗酒的毛病，为了生活，他们只能去典当那些并不是很值钱的家具和衣服。如果他们一直没有找到工作，这种境况会一直持续下去，并变得更加糟糕。可是，人们又怎会同情这样的人？他们本来有高额的工资，却毫不吝惜地挥霍殆尽，如今落得这样的下场，又有什么意外的？

一个人的社会地位，在很多时候，和收入的关系并不大，如果懂得如何规划生活，支配收入，总不会过得太差。如果不得不沦为下层社会的一员，只能是因为他过于注重感官享受，大肆放纵挥霍。

这是一种罪恶，也是罪恶的根源。这是一个家庭的悲剧，也是整个社会的不幸。很多男人正是因为过度放纵自己，才生下了那么多孩子，这个时候，如果他再偏好无度的挥霍，这些孩子将会生长在如何艰辛的环境里，也就可想而知了。为了生存下去，孩子们很可能做出一些龌龊的事情，最后，也许他们会去济贫院，或者靠济贫税度日。但是，这些措施尽管可以延续他们的生命，却很可能医治不了他们的内心。因为这种坏习惯会世代延续下去，相似的悲剧会不停地发生。

这一切都是因为挥霍和放纵，这种境况可以说很难被改变。这是人性的弱点之一，只凭劝诫根本起不到什么效果。这些在社会底层苟延残喘的人们，身上的惰性是如此之大，对幸福的感知是如此麻木。在各种苦难的威胁下，他们早已丧失尊严，也没有任何使命感。他们看不起自己，也不想改变这种状况。这种情况绝不是仅仅依靠提高工资就能改变的。

如果真想为他们做一些什么，不如从精神入手，让他们重新相信——只要勤劳地工作，节俭地生活，就能成为一个有尊严的人，就能得到他人的关爱，就能获得他们应该获得的地位。

4.明确职责才能获得自主

如果一个手艺人足够聪明，就可以获得世界上最大的自主

金钱与人生

权。这是一位来自牛津的鞋匠的睿智言论。在他看来,无论人们收入多少,只要能保持一定的勤奋,并懂得用适当的智慧克制自己,就可以发挥作用,维持健康,得到快乐。他是这么认为的,也是这么实践的。他的收入不是很高,每周大约只有三十到四十先令,但他的日子过得十分规律而惬意,并且有足够的能力将孩子们送进很好的学校。能做到这一点,且能一直坚持下去,并不觉得复杂或者困难,足以证明他具备很多人都不具备的良好品格。为此,他也收获了应得的快乐和成就。

还有这样一位石匠,他叫休·米勒。他独立赚钱已经有十五年之久了。可是,他的收入也不高,甚至还不如上面那位鞋匠——每周最多二十四先令。但他从来没有过过贫困的日子。对此,他是这样解释的:"如今,大部分人总喜欢把劳工阶级的生活自动贴上悲苦的标签,我认为这是有失偏颇的。我最开始做石匠的那年,虽然收入不多,但并不缺钱。很多石匠的情况都和我一样。包括我父亲,我叔叔,我祖父和我的一些朋友。当然,就算对于一个技艺精湛的手艺人来说,确实也存在一些急需用钱的时候,但那只是少数情况。大部分时间,那些过不好日子的手艺人,大多是由于学艺不精和自我放纵。"米勒先生是机智的。其实,在手艺人中间,由于收入不是很高,放纵和挥霍的情况还会稍微轻一些。真正严重的事件往往发生在工厂里。因为拿着高额的工资,工人们具备放纵和挥霍的基础。他们拼命喝酒,纵情享乐,不惜花掉大部分的工资乃至全部的工资。在其他人眼里看来,这简直是难以想象的事。他们丝毫不懂得节制,并且责任感很薄弱。他们只顾满足自己的欲望，甚至可以不管妻子和孩子的正当需求。这真是十分可怕的罪恶，让任何人见了都觉得不可思议。

在最近一次会议上，罗布克先生明确地表达了人们的困惑："一个年薪高达三百英镑的工人，仅从经济基础上来看，完全没有理由不像个绅士一样地生活。他们的收入和我们差不多，却过着与我们截然不同的日子，大部分工人都是那么粗鲁、暴躁、残忍，以至于他们的妻子不得不忍受苦难，与优雅和教育无缘，他们的孩子也是一样。在工人子弟中，很少有人表现得礼貌、得体，因为他们的家长整日醉心于喝酒和玩乐，根本想不到照顾自己的家庭，更别提让家庭成员获得知识，追寻真理了。与履行职责，奉行上帝的旨意相比，他们更喜欢去酒馆里喝得烂醉。如果他们一直无法明确自己的使命和责任，这种情况就一直不可能被改变。我们已经发现了问题，理应去尽快解决它。"要弄清为什么工人会如此放纵自己，挥霍财富，很难用简单的几个理由去解释。也许，这种邪恶的品质本来就藏在人性中，在人类进化过程中始终没有被消除掉。在原始社会或者奴隶社会，这种现象都大范围存在。人们喜欢聚在一起，喝酒狂欢，只看现在，不管未来。活一天算一天，得过且过。他们今天吃得撑死，明天又饿得要死。当手里有东西可吃的时候，永远不会想到去找新的食物，只有一无所有的时候，才会重新出去觅食。

这种习性是人和其他动物身上都有的。也正是这种习性吞噬了人作为高等生物的荣耀。在这种习性的驱使下，弱肉强食、成王败寇的法则在社会中横行。如果完全遵循这种法则，文明、礼貌、平等、自由、信仰必将荡然无存，野蛮、粗鲁、奴役必将遍地开花。但这种现象又真实地存在着，并且无处不在。它们扭曲人、异化人、改变人。它们削弱了人们的自主意识和残存的希望，滋养了人们的惰性和恶习，消极地影响人们，从以前到现在一直如此。

5.拒绝惰性，谋求尊重

无论对谁来说，认识自己都是一件很重要的事，只有了解自己，用睿智的眼光看待自己，衡量自己，正确运用自己的能力和能量，主动思考，定下目标，树立理想，始终如一地坚持奋斗，积极地行动起来，才能恰如其分地发挥出自己的作用，在社会中找到自己的位置。

可惜，大部分工人都不具备这种能力。他们大多不了解自己，也从来没想过要了解自己，更无法准确地把自己定位在社会中。他们消极悲观，缺乏自信，习惯于低估自己，说服自己安于现状，得过且过。正因为他们不相信自己可以做出多么惊人的事情，所以才只想满足肉体的欲望，醉心于吃喝享乐。

除了这些，他们没有更高的追求。他们虽然拿着很高的工资，却懒得改变自己的现状，哪怕房子已经摇摇欲坠，满是裂缝，他们也不想稍微改变一下。

有时候，他们也能认识到这样是不对的。毕竟，他们都是工作在一线的劳动者，没有人比他们更明白劳动的价值，劳动是高尚的、光荣的，拒绝劳动的人是卑微的、可耻的，这是很浅显的道理，他们都清楚，但清楚是一回事，做起来又是另外一回事。他们一直在遵从本性和追求信仰之间不断摇摆，无法做出合适的选择。就像他们也希望得到尊重一样，他们只是抱着美好的期望，却疏于实践，不想切实地迈出那一步，做一些实在的事，与之相比，他们更倾向于自暴自弃。如此下去，他们自然无法始终如一地勤奋工作，也不会得到人们的尊重。

想要获得尊重，需要自己先尊重自己，想要尊重自己，需要一种高尚思想的引导。如果一个工人可以高尚地看待自己每天的工作，充满使命感和责任感，自然可以提升自己的生存状态，享受更加高质量的人生。可是，很多工人都不具备这种品质，也不具备培养这种品质的条件。他们总是经历失败，总是被扔入无助的境地，长此以往，他们的自信被打磨，信仰被粉碎，自然安于卑贱，自甘堕落。

实际上，只要他们愿意，在高收入的基础上，他们完全可以尽可能地积累知识，接受教育，像任何一个绅士那样生活，但他们并没有合理利用自己手里的资源，反而把大量的金钱用在喝酒纵欲上，一点都不重视提高自己的品性和见识。

他们依然纵容自己的恶习，因为他们总是自我贬低。他们已经对打破阶层，获取更高的社会地位不抱任何希望，他们屈服于命运，认为一切努力都是无用功。他们被自己困在自己的阶级里，无法跨越，无法提高，他们痛苦着也享受着。因为那是他们熟悉的环境，那些装扮、语言和态度都是阶级的代表和标志。这些东西像魔爪一样牢牢地抓住他们，想要脱离这个魔爪，对他们来说，是一件非常困难的事。与其拼命挣扎，不如安于现状。就算他们拥有娴熟的技能，也只是一种谋生手段。这些技能并不能解放他们绝望的灵魂，解决他们精神方面的困惑。这些技能只会给他们带来更多的金钱，但是如果一个人的观念出了问题，就算有再多的金钱，也无法帮助他走回正途，反而会加速他在道德上的败坏，让他沉迷于放纵和堕落。

决定一个人的社会地位和幸福感的，不是他的收入，而是他具备怎样的品性和知识。因此，要想过上更好的生活，赢得人们的尊重，就一定要改变自己，积极努力。但是，大部分工人显然不是很清楚这一点。或者说，在长期困苦的环境中，他们早就对任何改变不抱希望，所以才会醉心享乐，乐于放纵。而这种自甘堕落的态度又严重地腐蚀了他们的优良品质，毁灭了他们仅存的高尚，使他们陷入更加绝望的状态和境地，最终导致他们庸庸碌碌，一事无成。

6.知识与美德的力量

如今，工人们的可怜境地已经成为社会共识。绝大多数人也已经认识到，之所以会出现这种情况，都是因为人们的惰性在起作用。这是亟须改变的事情。但是，应该如何改变？目前并没有任何可参考的例子。不过，不同的人倒是给出了不同的看法。有人认为，要努力教化他们；有人认为，要让他们变得虔诚；还有人认为，想要让他们重归正途，就要改善他们的环境，包括家庭环境，也包括周边环境。从表面上来看，这些措施都会在一定程度上改善这种情况，也有助于他们养成良好的品性，但这都不是解决问题的根本办法。

勤奋和节俭，知识和睿智，只有在劳工阶级中间传播这些思想观念，才能真正使这些挣扎在苦难中的人们得到根本的救赎。

知识就是力量，这是培根的名言，可是，在这里，我想说明这样一点——无知也是力量。只是，它不会带来财富，只会导致毁灭。它是一种极具破坏力，可以统治人，控制人的力量。人们任由邪恶的品性在自己身上扎根、生长，正是因为无知；人们任由专制和黑暗在社会上流窜、蔓延，也是因为无知；人们任由冲动和愤怒占领自己的头脑，制造源源不断的冲突和麻烦，更是因为无知。

无知是如此可怕的罪恶力量，想要摆脱它、战胜它，只有学习知识，传播知识，使自己变得善思睿智、富有教养。当然，在漫长的时间里，我们绝对有理由相信，最终人类的智慧一定会战胜无知。但是，我们同样无法忽略，这场战斗必然无比艰难。

在如今这个时代，无知的人无处不在。他们甘愿被酒精俘获，大肆挥霍金钱，热衷于违法犯罪，他们被挫折击败，被罪恶打压……这些情况是如此普遍，造成的破坏是如此惊人，以至于这种罪恶的品德已经足以被称为社会问题。这不得不让人感到困扰、沮丧、焦虑甚至绝望。

金钱与人生

如果一个人既无知又偏激，则非常容易受人煽动和蛊惑。在无知的帮助下，那些邪魅的言辞往往比正确的言辞更能说服人。因为，就目前而言，如果一种思想足够正确，必然要建立在相对复杂的基础上，这就意味着，除非具备一定的修养和知识，否则很难理解和接受这种思想。这种状况十分不利于我们的工作。如果不能浅显易懂地使大众明确这些思想的意义和价值，它们的力量必然会被削弱，无知这种邪恶的品德就必然会趁机大肆蔓延。

举一个最简单的例子。如何才能生活得更健康？这个热点问题的答案早就被生理学家们研究出来，被卫生委员会编写在手册里，发放给民众们。但是，对于大部分人来说，由于他们并不理解藏在这些答案背后的理论基础，于是自然不会相信这些答案。即使对于那些拥有一部分知识的人来说，那些理论基础也过于艰深而专业，远远超过一般人可以理解的范围。因此，大家自然不会重视那些辛苦研发出来的科学成果。街道仍然一片脏乱，排水系统仍然很不完善，居住环境仍然拥挤不堪，到处弥漫着污浊的空气，流动着水质极差的饮用水，无须太过细心，只要稍微留意，就可以看到导致传染病暴发的诸多原因。然而，现实中的原因是可以被找到和改正的，人们思想中的原因是很难被发现，甚至可以说是一直被忽略的。对健康知识的无知，对良好行为习惯的漠视……人们用无知亲手毁灭了自己，种下了无可挽回的苦果。

怎样驱散无知这种黑暗因素的笼罩，让人们重见光明？自然要大力发展教育事业，让人们获得更多的知识，并教会人们用知识消除恶习，拒绝酗酒，远离挥霍，进而解救自己，保卫自己。毕竟，就算是再无知的人，也不会堕落到完全无法挽救的程度。无知是可怕的，但却是可以战胜的。

不过，只提高民众的智力，还远远不够。在教化民众的同时，我们还要确立正确的目标和信仰，培养起他们的美德。否则，当人们掌握了更多的知识后，又没有及时确立起合适的价值取向，很有可能成为更加聪明的罪犯。毕竟，一个人掌握的知识更多，并不意味着他会越高尚。文化和道德并不是一回事。很多人确实受过高等教育，也具备聪明的头脑，却同样喜欢挥霍，自甘堕落，并没有具备高尚的品德。因此，想要彻底解决这个问题，除了要通过教育，让工人们获得一定的知识，还要利用多种手段，致力于培养他们的品德。

幸福和金钱并不对等，它们的相关性也不大。收入增加了，幸福感不一定会增加，罪恶的品性反而会更快地滋生。酗酒、纵欲、暴力、犯罪等相辅相成、不可分割。对此，克莱牧师有这样一种看法。他长期在普雷斯顿犯罪改造所工作，视酗酒为极大的罪恶。

"不仅如此，在高工资时代，这种罪恶还在飞速蔓延。它打破任何秩序，阻碍任何真理，吞噬任何善良。它使穷苦人变得更加穷苦，也使他们原本贫瘠的心灵变得更加贫瘠。这些愚蠢的人们几乎没有信仰，正是因为这点，他们才有可能肆无忌惮地去犯罪。如果他们又经常酗酒，两者结合，便会使他们犯罪的可能性大大提高，很多罪恶就是这样产生的。"如此看来，高工资似乎

确实可以引发犯罪。

在《议会中的朋友》中，已故爵士阿瑟·赫尔普斯关于工资的问题是这样看待的："我认为，在英国，目前很多人的工资都不是很高，但即便如此，每年也要发放大量的工资。有了这些钱，劳工们完全可以改善自己的生活，摆脱绝对贫困，不过，前提是他们会合理利用这些钱。事实上，这些人只凭自己的能力，很难做到这一点。所以其他阶级的人应该支持他们，指导他们，帮助他们。当然，我指的并不是简单地把钱送给他们，而是把钱借给他们，让他们有足够的资金去发挥自己的长处。对于富人来说，这不是一件很困难的事。而且，如果穷人真的可以改掉以酗酒为代表的那些恶习，愿意好好工作，对于富人来说，也算是一种回报。"

7.如何才能更好地生存

从以上的分析中，我们可以很清楚地看出，收入增长自然是件好事。但是，一件好事并不一定会产生好的结果，想要活得更好，并不只是要提高收入，更要合理地考虑如何花钱。

这是个很简单的道理，很多人都明白。不计其数的事实也向我们印证了这一点。想要知道一个人生活得舒适程度，不能只看一个人的收入。也许有人每周挣二十先令，过得却还不如一个每周只挣十四先令的人。甚至，他手头的流动资金可能也没有那个挣十四先令的人多。这是很常见的现象。过得怎么样和收入有关，却也和花钱的理念以及对待钱的态度有关。如果可以谨慎地克制自己，善于思考，衡量利弊，合理利用自己的钱，节俭地生活，不断追求更高的品质，一个人的生活当然会比那些只会喝酒纵欲的人好得多。

想达到这种效果，教育和引导的力量是不可忽视的。不可否认，如今的问题十分严峻，但是只要坚持对的方向，并一直做下去，这种问题总会得到改善。在外界的帮助下，人们会提高品质，变得更有道德，有远见，有责任感和使命感。简而言之，他们总会养成合理规划金钱与考虑未来的好习惯，哪怕这个过程显得有点漫长，但事情总是在被改变的。

有一位德国作家曾经说，教育是父母留给孩子最好的财富，就像把钱预先存到银行里一样。养育一个孩子当然需要大量的金钱，但也需要高质量的教育。这是不容争议的事实。虽然财富和教育不是一回事，可它们的意义都是相近的。作为资源，它们也必须得到正确的利用。如何更好地教育孩子，影响身边的人？自然是增加自身的知识，提升自己的道德水准。

无知和愚昧会造成难以想象的可怕灾难。它可以伙同邪恶和骚乱，在劳苦大众之间迅速传播，这种灾难比传染病和饥荒更能带来毁灭性的后果，它足以吞噬道德，摧毁制度，毒害每个幸福的家庭，把本来井井有条的人间变成一片混乱的地狱。想要改变这种现象，只有推广教育，传播知识，普及知识，担负起相应的责任。法律可以惩罚犯人，知识则可以从根本上阻止犯罪。有了知识，人们将不会只是被迫服从法律，而是主动了解法律，明确立法者的智慧和社会运行秩序的重要性。这样，人们才会从根本上遵从法律，变得谦恭、温和、幸福。

当然，想在全国范围内建立起完善的学校体系还是一件需要时间的事。不过，目前为止，我们已经开始建立一系列公立学校，并展开了一场伟大的尝试。尽管没人知道效果如何，但是如果可以一直有序地进展下去，我们的教育水平总有一天可以和德国没什么区别，我们的国民素质也必将因此而得到很大程度上的提高。也许就连酗酒和挥霍之类的恶习也会逐渐绝迹。毕竟，必须承认，通过普及教育，在如今的德国境内，我们已经很难看到众人酗酒的景象。

良好的道德风尚、勤俭、远见等美德，必将随着普及教育而逐渐实现。有了这种牢固而可信的基础，社会的进步速度也会加快。诺丁汉姆市长威廉·费肯先生对此的看法是相当精辟的："如果一个人想过上好日子，就必须挣得多，花得少。当然，这并不是因为他生性吝啬，而是因为他要削减不必要的支出，把有限的钱花在更加有意义的事情上。而且，在花销之前，还要先储蓄一部分工资。只有这样，人们才有希望走向真正的独立。勤俭自立不是一件很困难的事，无论是商人还是工人，都可以通过坚持做到。从行为上来说，这真是普通而又伟大的一件事。"

第五章　成功人士的秘诀

●榜样是很重要的，正是他们向我们昭示了成功的可能性。

——科尔顿

●如果一个人具备相应的美德，也就拥有了相应的力量，这种力量会帮助他走向成功。

——莎士比亚

●人们必须注意到：无论你的心灵是在极地之上浪漫地翱翔，还是在尘世的黑洞里艰难地探索，想要接近智慧，只有依靠明智、审慎和小心翼翼。

——伯恩斯

●无论对于家庭还是对于国家来说，想要获得财富，都需要时刻保持节俭。

——西塞罗

• 有了正确的信念，才会有正确的行动。有了正确的行动，正确的信念才能在最大程度上被维持、深化和传播。

——姆康贝

1. 节俭是通向优秀的第一步

在处理家庭相关事务时，坚持节俭非常重要。不过，这种节俭绝对不能只是一时兴起的产物，而应该是一种有规律、有目标的长远计划。资源总是有限的，为了合理有效地利用家里的资源，一定要避免浪费，削减不必要的花销，也就是说，要具备节俭的美德。但是，与此同时，我们千万不能为了节俭而节俭，而要时刻牢记，节俭只是一种手段，不是最终目的。节俭的真正目的，是用节省下来的资源让我们的生活变得更好。

生活总是包括现在和将来，这要求我们做出取舍，有时候，为了将来的幸福放弃眼前的享受，这是必须要做的事，也是十分必要的牺牲。

英奇伯尔德夫人在这方面做得就很好。她是《平凡的故事》的作者，但是，众所周知，作家的收入向来不多，所幸她生活得相当节俭，因此除了用微薄的收入养活自己，她还能从中拿出一半的收入养活妹妹。也正是靠着这些钱，她们两人得以相依为命，互相慰藉，虽然她们每周每人的生活费只有两英镑。

在很多时候，这位令人尊敬的女作家为了能让妹妹生活得更好，甚至宁愿委屈自己。在漫长的冬天里，她偶尔会因为糟糕的天气而流泪。但是，在这种时候，她并非只有伤心。因为她知道有了她的援助，她妹妹的生活会过得好很多。至少，那可怜的女孩有地方可以住，并且可以享受到温暖的火炉。

从上述情况来看，英奇伯尔德夫人虽然贫困，但她即便在如此境地下，依然不遗余力地帮助家人。这是十分正确而崇高的行为。

"不浪费的人永远不会担心匮乏。"在沃尔特·斯科特爵士的厨房里，这句话一直被刻在壁炉上，这是一句很简单的话，却揭示了富裕的真相。富裕是什么，就是合理安排资源，让所有的资源都得到恰当的利用。各安其分，各尽其职，井然有序，共同朝一个方向努力。无论是家内事务，商业管理，还是工厂运作，军队事务，只要涉及管理的事件，都需要我们明确这一点。

对于个人来说，也是这样。如果想增加自己的财产，就要平衡收支，精确计划，否则就会陷入手足无措或者一贫如洗的境地。

管理物质财富是这样，管理精神财富也是这样。例如时间，在重要程度上，时间和金钱不分上下。而每个人的时间都是有限的，这也就意味着，时间值得被珍惜，珍惜时间的最好方法就是合理安排自己的时间，杜绝任何浪费。只有预先制订精密合理的计划，建立井井有条的秩序，才能取得积极的效果。想要做到这一点，有很多方法可以尝试。比如，遵守自然的美德，尊重自己，爱护邻居，勇于承担责任，明确自己的权利和义务等，都是秩序的体现。或者说，只要是混乱的反面，就是秩序的正面。可以说，整个世界之所以存在，是因为秩序。

没有人想过混乱的日子，拒绝有序的生活。可是，要怎么才能过上有序的生活？节俭，通过节俭。节俭不仅可以帮助人们提升自我，更是促使家庭达到和睦境地的法宝。因此，无论在家庭生活还是社会生活中，节俭作为一种可贵的品性，自然显得十分重要。如果妇女可以坚持节俭，家庭就能兴旺，如果男人可以坚持节俭，也可以使自己的生活变得更加美好。无论一个人是商人、工匠，还是贵族的后代，虽然无法改变自己的出身，却可以左右自己的生活，在一定范围内选择自己的人生。人们无法挑选自己在哪个家庭出生，也无法决定自己的父母是贫穷还是富有，但是先天的条件永远不是道德败坏的借口。到底走什么样的路，拥有什么样的人生，都取决于自己。

甚至，很大程度上，那些看起来很富有的人，其实并没有过着令大部分人艳羡的奢靡生活，反而要比普通人担心更多的事。为了保持自己的身份和地位，那些所谓的上流社会的人们，在很多时候，就算并不愿意，也不得不做出一种奢华的姿态，哪怕他们手里的现金数量还比不上一个刚刚拿到工资的工人。确实，他们的收入并不比矿工和铁匠好到哪里，但考虑的却多得多。他们不仅要绞尽脑汁保住自己的脸面，更要让自己的孩子继承这种生活，至少要表现得彬彬有礼、温文尔雅，而不是粗俗低级。并且，如果再进一步，最好再获得一份光鲜的，足以养活自己和家人的工作。这不是一件很容易的事，就算只考虑金钱方面的问题，也是很大一笔花销，虽然这些行为都是必需的、明智的。

艾顿博士的父亲是巴肯伯爵。这位令人尊敬的伯爵一生都在积极地履行父亲的义务。虽然他每年的收入只有不到一百英镑，但是，他却用一半的收入养活了一个包括十二个孩子的大家庭。在这些孩子中，有四个上了大学，毕业后成了专业人士。为了能让孩子得到优质的教育，这位伯爵经常花光手里最后一个先令。

很多贵族过的都是这样的日子。另外一个伯爵，每年收入也不超过两百英镑，却同样养活了一个大家庭。他的一个孩子，后来成了很好的法官。

从这些事例中，我们足以看出，一个人自己过得怎样，能不能养活家人，并不全部取决于他的收入，更在于他如何支配自己的收入和个人的品性。

良好的直觉、高雅的举止和正确的观念，正是这三点成就了优秀的人才。

2.幸福的基础在于节俭

节俭的好处如此众多，以至于相关的例子数不胜数。有一个拥有十一个孩子的母亲。最小的孩子出生刚刚三个星期，她的丈夫就去世了。她自己的收入又不是很高，所以生活不禁变得拮据

起来，一开始不得不借债度日，但是她并没有失去希望，反而一直以节俭的态度努力经营着家庭。最终，她克服了困难，还清了债务，把孩子们教育得很好，完美地诠释了一个母亲的责任。

历史学家休谟的经历也差不多。他虽然出身富裕，是家里的长子，但当他很小的时候，父亲就去世了，也没有留下多少遗产。然而，在母亲的抚养下，休谟依然没有偏离既定的道路。他醉心学业，并以此作为自己的事业。虽然母子俩的生活不是很富裕，尤其当休谟在法国求学之时，然而，为了保证独立的生活，休谟一直非常节俭，并在如此艰难的环境下不被诱惑所动，坚定地追求着自己的人生目标——使自己变得更有才华。

休谟的第一本出版物并不成功，但他的希望没有因此而熄灭，反而燃烧得更加猛烈。很快，他就写出了第二本书，付诸出版。这本书虽然还是没赚到很多钱，却大大地提升了他的名气，靠着这些名气，他成功地进入了驻维也纳和都灵军事代表处，成了一名秘书。等到三十六岁时，休谟已经彻底摆脱了贫困，虽然还不是非常富有，却足以生活得十分惬意。在谈及原因时，休谟这样回答："我能拥有这样一笔财产，正是因为节俭的习惯，也正是因为这笔财产，我才能确保经济上的独立。每当我对朋友们说，自己的财富已经达到差不多一千英镑的时候，他们就会相视一笑。"

众所周知，在那个时代，一千英镑不是一个小数目，如果把这笔钱存在银行，每年连利息就可以收获五十英镑。而且，最重要的是，休谟的节俭并不是源于对财富的占有欲，而是对独立的热爱。因此，就算他还过着清贫的生活，对他人也没有吝啬起来，拒绝表现自己的爱心。这是经济学家亚当·斯密对休谟的评价，他们是很好的朋友。

这个故事足以说明，就算节俭无法使人成就大事，至少也可以让人保持独立。

说到节俭，有一个人不能不提，那就是了不起的罗伯特·沃克。他深受大家的尊敬。尽管在19世纪晚期，他的职业并不能带给人很多的收入，事实也确实如此，他的年收入只有五英镑。他的妻子嫁给他的时候，带来的嫁妆远比这多得多——足足四十英镑。但是，靠着这些微薄的收入和少得可怜的财产，以及勤俭与自制的美德，他还是把自己和家庭打理得井井有条，甚至还存下了一点钱。

他确实十分勤劳。平日里，他除了一丝不苟地对待自己的本职工作，还为孩子们上课，只是这教育可以说是完全免费的，因为他从不主动向人们要钱，除非人们自愿给他。在孩子们认真学习的时候，他也没有闲下来，而是坐在旁边做些纺织类的工作，就像大部分学校里的女教师一样。除了为孩子们提供教育，他还乐于帮大家割干草、剪羊毛，或者做一些力所能及的活儿。不得不承认，他十分擅长做这些。邻居们都很赞赏他，作为回报，也会送给他一些干草或者羊毛。他有几亩地，全凭自己耕种，有几头羊和两头牛，全凭自己放牧，他还有一个花园，也由自己打理。他不习惯指使别人，大部分事情都是亲力亲为，就连家里的燃料，也都是他自己从附近挖来的泥煤。

他也确实十分节俭。他从不会贪婪地占有任何东西,也不会表现得过于吝啬。也许只有慷慨和无私这种词才适合形容他。平时,他和他的家人只喝自家产的牛奶或者清水,如果来了客人,便用茶水招待。他们的食物也简单而朴素,为了获得肉食,他们偶尔会杀一只自己养的羊,天气冷的时候,他们会杀一头牛,把吃不完的牛肉腌起来,作为冬天的存粮。他们从不浪费,不仅对于肉类,对于牛皮或者羊皮也是如此,它们会被做成皮革制品,用作日常生活,或者作为衣物。他们穿的衣物从来都是自己做的。

这位令人尊敬的人带着自己的家人,用勤劳节俭的方式怡然自得地过了二十年这样的生活,从来没有缺少过什么东西。因为简朴而和善,他赢得了大家的一致好评,以至于名声传到了卡莱尔那里。卡莱尔认为这样的人应该受到重用,于是决定让他同时去爱尔法担任更高的职位。但罗伯特·沃克却认为,如果自己接受了任命,就要在两地之间奔波,这需要耗费大量的精力,使他无法很好地履行自己的职责,长此以往,人们会对他感到不满,并且会把这归结为他的贪婪。他不想看到这样的情况,因此他谨慎地拒绝了这次任命。

不过,和以往相比,他当时的生活好过了一些。他的年收入从五英镑涨到了十七英镑十先令。虽然他的家庭负担也在增长——他已经有了八个孩子,但他们的生活过得依然简朴而有序。他也很重视对孩子的教育,力图让他们在进入社会后足以安身立命。他的孩子们大多有教养、懂礼貌。

其实，很多人都过着像沃克一样的生活。他们勤勤恳恳地劳作，不问享受，不求回报。但是，也有很多人认为这是不公平的，他们觉得，只有积累足够多的财富，大幅度地提升社会地位，获得世俗认为的成功，才是每一个人应该为之奋斗的目标。如果只追求平凡的生活，是不思进取的罪恶表现。

这是另外一种生活方式，却不是所有人的生活方式。你可以过着简单快乐的生活，悠然地维持着自己的生存状态，凭借智慧使自己生活得更惬意，也可以追寻你认为的成功，改变社会，促进世界的发展。这都没什么不对，只要你确实认为那是你该走的路，并为此而感到充实而满足。

3.煤矿里的成功人士

如果一个人足够诚实正直、积极进取，就能知道如何理解社会，如何让自己适应社会，也就能充分发挥能动性，为自己开辟一条平坦的道路。这样无论社会形式如何，他都能采取正确的行动，力图让自己过得好。在这个过程中，政府需要做什么呢？政府最大的作用，就是让每个人都明确自己的权利和义务，做应该做的事，不做不应该的事，远离混乱，力求自治。这是歌德的看法。

无论从哪个角度看，这种理论都是极其睿智的。如果想让社会达到一种平衡，长期维持和谐，并在科学文化上不断向前发展，作为个人，当然要具备克制自己的意志力，但是，作为社会

或者团体，也需要一定程度上的克制。而且，一群人的克制远比一个人的克制更难做到。因为人都要考虑自己的利益，人们总是担心，如果自己克制住欲望，别人就会趁机扩大欲望，损害自己利益。这样，自己不但空忙一场，还要为别人做出牺牲。这就很不划算了。所以，那些能激励人们进步，推动世界发展的人，通常具有非同常人的高贵精神。他们可以既提升自己，又能激发别人的意志，进而促进一个团体或者社群的发展。

这样的例子有很多。艾尔柯勋爵在辗转于各个煤矿之间做演讲的时候，听说过很多这种故事。故事里的主人公都是矿工出身，后来都取得了不菲的成功。他也与很多矿工打过交道，其中有个叫麦克唐纳的，来自苏格兰的斯塔福德。为了把一份请愿书交给艾尔柯勋爵，他来到下院。通过交谈，艾尔柯勋爵发现了麦克唐纳身上的智慧和知识。他觉得很惊讶，因为这实在不像一个矿工应该具备的学识。于是勋爵问起这件事，麦克唐纳如实相告，原来，尽管一直在煤矿里工作，但他年轻的时候，半年干活，半年用省下的钱在格拉斯哥大学读书。因为这段经历，他学到了很多知识，也可以流畅地写作。

地理学家赫顿、木雕家比威克、坎贝尔博士、诗人艾伦·拉姆齐，他们或者出身于矿工家庭，或者本身就是矿工，但这种出身并不能禁锢住他们的才华，也不能使他们的智慧被迫埋没。

乔治·斯蒂芬森也是一个很好的例子。他也是个矿工，但是一直凭借勤奋地工作去赚钱，他没有把它们花掉，而是用一部分钱养活自己和父母，再省下一部分钱用于学习。在孜孜不倦的学习中，他的技能越来越高，收入也越来越多，当手里的金钱达到一定数量的时候，他又开始筹划起储蓄和理财。凭借长期的努力，他最终拥有了一笔财富，成了一名令人羡慕的工程师。

如果一个人在满足自己的需要之外还能有点积蓄，一定不会陷入贫困的境地。斯蒂芬森就是这样，在进入好的境况之后，他的发展也变得容易很多。他更加懂得进取的意义，因此也更加进取，就像初升的太阳一样。只要一个人始终如此，自然会收获良好的信誉，赢得他人的信赖，因此在他提出造火车头计划的时候，虽然他无力独自承担高昂的费用，却得到了海文斯沃斯伯爵的慷慨援助，最终实现了自己的理想。

压缩蒸汽机的发明者瓦特也是如此。他的生活并不富裕，在很长一段时间里，他只能做一些长笛、风琴之类的教学用品来挣钱。但是，他十分热爱知识，一直注意完善自己。为此，他自学了法语、德语、数学和哲学，最终通过自己的努力，成了一个精通科学的人。

休·米勒的经历也差不多。他是个诗人，同时也是个采石工。这两者并不冲突，他经常以此为荣，并希望人们也能那样做。

勤俭和教育能让人发生多大的变化啊！要知道，一个伟大的人从来不会以体力劳动为耻，却也同样重视脑力劳动，所以，在工作的同时，他们是如此地热爱学习。他们一边尽力谋生，一边研究发明。在这两种劳动的完美结合下，世界在发展，人类在进步。

无论一个人生在什么样的家庭,都可以通过勤俭和自我克制使自己生活得很好,如果他在此之外,还能致力于自身能力的提高,分出精力去学习,尽力开发自己的潜能,养成认真做事、喜欢阅读的习惯,注意呵护自身良好的品性,就是一件更加值得褒扬和提倡的事。

4.别让职业捆住你

有三个人都在农具制造厂工作。每天,他们的工作就是用木头和铁做马车、铁耙之类的农具。每周,他们可以赚二十先令左右。他们不觉得这样生活有什么不好,但是他们想尝试一下别的生活方式。于是,其中两个人半年工作,半年读书,就此完成了大学的学业。另一个人没有上大学,却参加了机械协会,专心聆听各种讲座,同时利用一切可以利用的时间自学相关书籍,最终懂得了很多机械原理。

他们的结局怎么样?在这里,我们很有必要提一下。上大学的那两个人,一个当了校长,一个成了内阁大臣,没上大学的那个人,做了汽船公司的工程师。

工作之初,很多人都被放在一个可有可无的位置上,他们不需要完成太多事情,当然,与之相配的,是也拿不到太多工资。很多人就这样工作着,生活着,碌碌无为,了此一生。但是,总会有一部分人想打破这种情况,看一看更加广阔的天空。他们用自己的辛劳和智慧勇敢前行,积极进取,最终也真的实现了自己的理想。

赫歇尔就是这样走向成功的。一开始,他是个双簧管手,不得不靠为人演奏音乐谋生,但他清楚音乐并不是他的理想,他酷爱的是天文学。因此,在演奏音乐的时候,他依然见缝插针地瞭望天空,当然,这并不影响他的正常工作。最终,他发现了天王星,并且被皇家协会承认,也摇身一变,从一个双簧管手变成了一位天文学家。

弗格森的经历也差不多,他一开始靠绘画谋生,后来才成为天文学家。

还有富兰克林。最初,他只是一名普通的印刷工。但是,和大部分其他印刷工不同,他非常勤奋,努力工作,懂得珍惜时间,生活节俭,并且知道如何保持自己高尚的品格,最终他成了科学家、政治家,从默默无闻变得熠熠生辉。

改进折射望远镜与发明无色望远镜的约翰·唐伦德也是如此。但是,在做出伟大发明之前,他不过是个平凡的丝绸纺织工。他从事这个行业数十年之久,直到年近半百的时候,才决定放弃这个职业,开始研制望远镜,并取得了巨大的成功,成了家喻户晓的人物。

既然人们可以在职业之外开创事业,那么,要怎么迈出第一步?很简单,首先要明确你的兴趣,并为这种兴趣积累足够多的知识。温克尔曼的例子可以很好地说明这一点。他的父亲是个鞋匠,却十分重视对儿子的教育,无论处境多么艰难,在这方面,父子俩都会一直坚持。为了能让儿子接受更好的教育,这位伟大的父亲曾经累病过，而温克尔曼本身更是尽力赚钱，以支付自己的教育费用。不仅如此，在父亲病后，他还更加努力地工作。赚来的钱，除了补贴家用，还足以支持他完成学业。后来，他成了著名作家，为古典艺术作出了卓越的贡献。

著名作家塞缪尔·理查德森也是这样。他本来是个书商，总是忙着做生意，每天都不得不和琐碎的生活打交道，但是在百忙之中他仍然一直抽空坚持写小说。他非常珍惜时间，也很重视自己的经济独立。他很清楚这样做的意义，他不想依靠别人生活，只想靠自己的勤劳赚钱。他觉得自立是和能自由表达自己的想法一样的特权，并且，他希望可以凭借自己的力量，稍微改变一下这个世界，让它按照更好的规则运行。这是他曾经对德福莱弗尔说的话，他们是朋友。

在机械协会的一次庆祝会上，奥林萨斯·格列高列博士做了一次演讲，在这次演讲中，他列出了很多出身低微，却靠自身能力最终取得成功的人。有些人是他听说过的，有些人是他见过的，有些人甚至是他亲自帮助过的。在这些人中，有人本来在公路上工作，后来成了学者；有人本来是吹笛手，后来成了校长；有人本来是士兵，后来成了教授；有人本来是铁匠，后来成了数学家；有人本来是教堂司事，后来成了音乐教师；有人本来是矿工，后来成了作家；有人本来是鞋匠，后来成了哲学家。

除此之外，很多人都会给这位博士写信。在这些人中，有人是铁匠，却相当精通抽象数学；有人是裁缝，却发现了连牛顿都没有发现的几何曲线，后来被人推荐，做了航渡检察官；有人是农夫，却完全凭借自己的能力发现了一些天文学原理，还发现了一个行星系。

这些事例足以表明，一个人取得什么样的成就，和从事什么样的职业关系不大。当然，这两者之间是有关系的。但是，这种关系却并不会限制你取得成功，只要你真的想取得成功，并且善于发现，敢于努力。

5.如何接近艺术

普遍来说，艺术家通常不会生于富裕的家庭。也许这是上天的一种馈赠，毕竟物质上的苦难和艺术上的成就总有一些相关性。至少，在他们遇到困难的时候，总是必须依靠自己解决，而不是亲人或者朋友。在这个过程中，他们的确提升了能力，增强了力量，也为走向成功奠定了基础。简而言之，假使他们出身很好，或许一生都和艺术无缘。

贺加斯原来的工作是印账单；威廉·夏普从刻写门牌中获得灵感；塔西本来是个石匠，后来却成了雕刻家。诚然，他们活跃在不同的领域，取得了不同的成就。但是，引领他们走向成功的，是勤奋的劳动与不断积累的经验。

艺术是一件不可捉摸的东西。想要接近它，一定要学会控制自己、持之以恒，千万不能任性妄为、半途而废。

福莱克斯曼虽然在雕刻方面很有天赋，却早早地结婚了。为此，有位爵士曾经这样评价他："他本来可以成为一个艺术家，却被结婚毁掉了!"不巧,这句话被福莱克斯曼的妻子听到了,这位伟大的女人决心要用行动证明这句话的错误。此后很多年,在她的努力下,夫妇俩一直坚持勤奋工作,节俭生活,以便攒下足够多的钱,可以让福莱克斯曼专门修习艺术。终于,他们在有了一笔财富后,如愿以偿地前往罗马。在那里,福莱克斯曼边工作边学习,终于成了英国人尽皆知的雕刻家。

雕刻家夏特雷也是这样取得成功的。他很有头脑,既珍惜时间,也珍惜金钱。一开始,他只是做一些和雕刻相关的事儿,并没有足够的能力单独完成作品,但他极度渴望能达到那种水平。于是,他省吃俭用省出五十英镑,辞去工作,带着这笔钱去了伦敦,从最基础的学习,最终取得了辉煌的成就。

在雕刻家中总是有很多这样的人。卡诺瓦就是其中之一。他祖父和他父亲都是采石工,最初他也是采石工,后来他对雕刻产生了兴趣,毅然决然地辞掉工作,转而去为一位威尼斯艺术家做助手。他的新工作并不能为他带来丰厚的收入,或者说,最多只够勉强糊口,但他根本不在乎这些。因为在当时的他看来,金钱等物质财富都微不足道,能学到什么东西才是最重要的。在接下来的日子里,他不仅学到了绘画和雕刻的基础知识,在语言、历史、写作、考古和阅读方面的能力也得到了显著的提高。这些知识逐渐积累起来,最终帮助他完成伟大的作品,并因此广为人知。

雕塑家卢夫的情况会好一点,但他同样注意积累经验,勤奋工作。他出身农家,却自小热爱绘画,并且总是画得有模有样,很受欢迎，以至于他可以用自己的作品和同学们换一些珍贵的别针。他也喜欢和兄弟们一起做泥人，他们做了好几千个泥人，如希腊人、特洛伊人、角斗士……他们的父亲很喜欢那些作品，还把"教皇的荷马"放在窗台上。他们不止做小泥人，还构建大场景，比如，做一些大剧场之类的建筑。虽然在长大之后，他们都做了像父辈一样的农夫，但工作之余，他们从来没有放下过雕塑。邻居们都很喜欢他们的作品，每到圣诞节，他们都会忙于为大家设计好看的圣诞糕点。在回忆这些往事的时候，卢夫十分坦率地承认，正是这些事为他后来的雕塑事业打下了基础。

终于，他发现了自己对雕塑的热爱，认定了自己的目标，离开家乡，前往伦敦，希望可以得到赏识。但是，一开始，在伦敦，他不认识一个人，身上也没有太多钱，幸好认识了一位船长，搞到了一张通行证。有了这张通行证，只要船还停在泰晤士河上，到了晚上，他就可以睡在船上。因为待人和善，船员们都很喜欢他，并且中肯地劝他，如果他没有背景，没有钱，最好还是回家安心种田比较好，但他拒绝了船员们好心的建议，依然坚定地坚持走自己的路。

一段时间后，他离开了那艘船，在伯雷夫大街租了一个房间。房间位于一栋二层小楼上，十分狭小逼仄。显而易见，因为缺钱，他的生活依然不见起色。他只能吃最便宜的食物，很少吃肉，也买不起太多的煤，以至于到了冬天不得不受冻。但是，伟大的作品《麦洛》正是在这种艰难的条件下诞生的。他专心致志地创作着，每晚都睡在那堆尚未成型的黏土旁边，他是如此认真，为了能让雕塑的头达到最佳效果，甚至不惜掀掉了屋顶。而且，谁都知道，雕塑在未成形之前，都要保持一定的潮湿，这就需要用湿布覆盖，但他买不起布，不过这没有难倒他，虽然自己已经衣衫褴褛，他还是挑出一件衣服，将它撕成破布，用来覆盖雕像。

付出没有白费，他的才华终于吸引到了海登。海登认为他是不可多得的天才，并对《麦洛》做出了高度的评价。海登没有说错，《麦洛》一经展出，便获得了一致好评。威灵顿公爵当即决定买下卢夫未来的作品，利德雷爵士更是对卢夫慷慨解囊，全力资助他以后的创作。

有了外界的援助，卢夫在这条路上越走越远。他又投身于抒情式雕塑的创作中。他的艺术理念也得到了提升。他开始认为，好的作品要既来源于现实，也要和理想结合，就像人们应该把灵魂与身体，天堂与人间相结合一样。在这种思想的引导下，他的作品质量达到了一种新的高度。《忏悔者》《精灵》《泰坦》……这些作品不仅扩大了他的名气，也让他赢得了广泛的尊敬。而他的处女作《麦洛》虽然直到1862年才被铸成青铜像，可是一经成像便再次获得了如潮的好评。

作为雕塑家，能取得如此成就，卢夫自然是极为成功的。在这里，我们就不花费篇幅来讲述了。不过，我们倒是可以看看德比伯爵告诫年轻人的一番话："在世界范围内，无论年龄大小，如果不劳动，就都无法生存。不过，对于一个真正的人来说，劳动的目的并不只为了维持生存。在英格兰，很多人不需要通过劳动就可以过得很好，但他们依然辛勤地劳动着。这是因为他们认为劳动是有价值的，是崇高的，而不是因为一些别的什么。一个人生活在社会中，必须从社会中索取一些东西，作为回报，也理应为社会做点事情，这是谁都必须承担的职责。除非这个人不健全。否则，无论学识高低，是否富有，都应该那样做。当然，这只是我的看法，也许有很多人并不这么认为。但是，有一点必须要说明，维持生存远远不是人生的全部，一个人活着，不止应该满足自己的物质需要，更要关注自己的精神和才华。很多人都具备别人没有的才华，这些才华无法通过日常工作表现出来，也是很难被雇佣的。当然，辛勤工作本身没有错，我只是希望，在工作之余，你们可以在最大程度上了解自己，认清自己，发掘出自己的兴趣，发挥出自己最大的作用。我认识这样一个人，他拥有令人羡慕的工作和收入，但是他还不到五十岁就辞职了。他为什么要辞职？很多人都觉得难以理解，但他很清楚自己的想法，因为他工作的目的就是赚钱，而在那时，他已经获得了足够多的财富，足够支撑他和他家人今后的开支。他想把自己剩余的精力用在自己感兴趣的其他方面，而不只是赚钱上。这位先生很有修养，从他的行为来看，他显然也很睿智。因此，他肯定不会因为自己做出了这种行为而感到后悔。"

6.内史密斯先生是如何成功的

前文提到的那位先生，也许很多人都已经猜到了，那就是发

明蒸汽锤的内史密斯。本来，我们不应该如此鲁莽地暴露他的姓名，所幸他已经同意将这件事说出来了，因此也就不必多虑。

内史密斯先生的父亲是名机械师，同时十分擅长作画。因此，内史密斯从小就对机械产生了浓厚的兴趣，也很喜欢摆弄机械。碰巧，他的一个玩伴的父亲是铁匠。由于经常出入打铁铺，他又对制铁大感兴趣，只要一有时间，就兴致勃勃地去打铁铺里看人打铁，时常帮一些力所能及的小忙，就和学徒差不多。很快，他熟悉了制铁工序，俨然是个合格的小工人了。如今，说起这段经历，内史密斯毫不犹豫地认为，这是很宝贵的实践经验。尤其是对于孩子来说，如果不亲身体验，永远无法学到这些东西。也正是因为这段经历，他才在后来萌生了很多有意思的想法。

内史密斯不仅善于观察，还勤于动手。他曾经借助父亲的工具，用钢铁做了一些火绒箱、蒸汽机模型和其他的模型。值得高兴的是，这些模型的效果都很好，简直和真的一样，用起来也很顺手，很受大家欢迎。于是，内史密斯做了更多的模型，并把这些模型卖给同学和工厂，从中赚了一些钱。

在这里，有一点值得一提——在金钱上，内史密斯一直相当独立。从十一岁开始，他就自己赚钱自己花。从学校毕业后，内史密斯深知自己擅长做什么，于是试图从事和制造发动机相关的工作。最后，他选定了亨利·马德斯雷公司。为了能顺利进入公司，他精心绘制了图纸，并根据图纸做出了一台小型蒸汽机。

带着图纸和机器，还有自己的积蓄，内史密斯离开家乡，前往伦敦。不出所料，亨利·马德斯雷在看到这台可爱的小机器之后，十分高兴，很快接纳了内史密斯，为他提供了十先令的周工资。即便在当时，这也不是一笔大钱。但是，内史密斯已经习惯经济独立了，并且他知道很多人的收入也是这样，既然大家都能这样生活，自己为什么不能？虽然当时他才只有二十岁，但是依靠足够的智慧和节俭的品性，他还是能养活自己。

第二年，他的周工资涨到了十五先令。不过，他依然节俭度日。因为那时他已经有了自己创业的打算，所以他用省下的钱购买机器，而不是只把它们存到银行。

第三年，因为出色的业绩，他又涨了工资。但他没有继续留在那里工作，而是回到家乡，用自己的积蓄开了一家小店，专卖机械工具。而且，他并不满足于此，时刻想着添置工具，扩大规模。两年后，他拥有了一个小车间。后来，他转战曼彻斯特，发展迅速，终于拥有了一家铸铁厂。

在如此长的时间里，他一直保持着相当的自尊，虽然也遇到了很多困难，但他都依靠自己顺利解决了。他可以很好地控制自己，不奢侈，不浪费。回顾往昔，他十分怀念在马德斯雷公司工作的那三年，他认为那段时光是有趣而充实的。在那里，他可以全身心研究机械，也可以学会如何与人和谐相处。在他看来，如果想掌控自己的生活，提升自己的修养，就应该时刻注重自立自强、积极向上。

他十分热爱自己的工作，对此一直不辞辛劳。实际上，他也确实用自己最好的时光创造了一番属于他自己的事业。无论是谁能有如此的成就，都足以感到骄傲。在这个机械做主导的时代，他的发明起到了至关重要的作用。汽船、火车头、阿氏枪、惠氏枪、铁皮军舰……这些现代产物很少有不用到蒸汽锤的。但是，在得到想得到的一切后，他没有继续下去，而是选择享受生活。当然，这种享受和放纵无关。每天，他依然忙碌着，只是忙碌的方向发生了变化。以前，他忙工作，现在，他把全部精力都投入到了自己想做的事情上。除了对机械感兴趣，他也很喜欢天文学。他自己做了一架望远镜，通过这架望远镜，他发现了一些有趣的天文现象，并撰写了一些论文。他还醉心于艺术，每天都要花大量时间作画。他过得一点都不空虚，也不像大部分不再工作的老人那样百无聊赖。

　　写到这里，这一章就快结束了。关于结束语，不妨选用内史密斯的一段话："如果想从我一生的成就里总结出一些有用的经验，其实用一句话就可以概括出来。那就是职责第一，享受第二。如果一个人想要不断进步，走向成功，就应该一直这样做，除非你不在乎遭遇厄运，收获不幸。当然，进步和成功并不会轻易到来，但想要让它来到你的面前，就必须克制自己，提升自己，这是不容置疑的事情。如果只知享受，工作懈怠，无论在什么时候都是有害的。"

第六章　节俭的本质是如何对待财富

●对于罗马人来说，勇气和美德是同一个词。这不可谓不智慧。毕竟，如果战胜不了自我，就无法获得美德。也只有费力得来的东西，才显得弥足珍贵。

——德·迈斯特

●人之所以能够成为万物的灵长，很大程度上是因为可以和同类合作行动。很多时候，只凭一个人的力量，有些事很难做成。但是，如果与其他人联合起来，就可以轻松完成。

——J.S.穆勒

●如果财富能够被掌握在更多人手里，法律就会更完善，我们的安全也更能得到保障。因为，拥有越多财产，人会越保守，也会越不喜欢激进的或者极端的做法。所以，要达到这种效果，农夫最好成为地主，市民最好成为资本家。

——W.R.格莱格

1.如何实现节俭

节俭是一种重要的好习惯，谁也不能轻易否定。那么，在现实生活中，我们具体应该怎么做呢？

实际上，要达到节俭，有很多条路可以走。只是，无论走哪条路，都要遵循多挣钱、少花钱的原则，量入为出，未雨绸缪。不仅要考虑现在，还要考虑未来。如果一个人挣得很少，花得很多，一定是脑子出了问题；如果一个人挣得很多，花得也很多，这种行为也接近于疯狂。

要做到节俭，还要尽量避免债务，减少或者完全不向别人借钱，更不要在今天花明天的钱，因为这是让你失去节制的开始，并且这条路永远都看不见尽头。欠债是件很麻烦的事，为了偿还债务，人们会永远劳累。一旦被债务缠上，无论欠谁的债，都会像陷入一个深不见底的无底洞一样，在债务面前，一切美好的品性都会被逐渐腐蚀，无论多么高尚的灵魂也会很快堕落。切记，节俭需要踏实的保障。千万不要依靠不确定的收入，也最好不要提前消费。投机也许会带来财富，但绝对不是长久之计。如果冲动冒险地处理财务问题，下场一定会像《辛巴德》中的老人一样——陷入麻烦的债务中无法脱身。无论对谁来说，这都是一种沉重的打击。

要做到节俭，还要及时精确地记账，合理规划自己的生活和各项开销，尽量避免任何意外的支出。在花钱之前，最好先做一个详细的计划，将自己的收入和预算的账目认真列出来，尽量将收入分配得当，控制花销，达到既不会亏待自己现在的生活，也不会在必需的时候显得拮据困窘。

约翰·魏斯雷在这方面做得就很好。和大部分人相比，他的收入不算多，但是凭借记账，他很好地掌控着自己的生活，保证一切都在既定轨道上合理地运行。哪怕到了晚年，他也一直坚持着这个好习惯，始终清楚地记录着自己的收支。在账本上，他这样评价自己："我记了八十多年的账，可以说，在一生的大部分时间里，我都在清楚地记账。实际上，到了这种程度，已经不太需要考虑是否应该继续下去了。不过，这样做的好处显而易见。通过这种做法，我理性地规划自己的收支，并将多余的财富捐赠给需要的人。这让我的生活更充实、更有意义。"很多时候，节俭不止和一个人有关，还和他的家庭有关。尤其对于中产阶级来说，想要过得节俭，不仅需要像关心自己的事业一样关心家里的事务，也要带领家人一起积蓄财富、看管财富，合理安排财富，杜绝浪费，让一切都在合理的范围内运行。只要长期保持这种合理有序的局面，确保家里一直维持得井井有条，无论在家里接待什么样的人物，都会从容不迫，绝对不会发生任何尴尬的事。

到底如何支配收入才能被称为节俭？其实，如果只看数量，很难判定到底做到什么程度才算节俭。每个人对于这个问题的看法也肯定不太一样。例如，培根认为，人们只有花费不到二分之一的收入，再把剩余的钱存下来，才称得上节俭。这是一个很精确的标准，却也堪称苛刻。毕竟，就连培根自己也从来没有达到过这么高的标准。如果如此评判节俭的程度，无疑是很难把控的。以房租为例，一个人应该花多少钱租房子？这和他生活在哪里有很大关系。如果在乡村，租房费用大概可以占收入的十分之一，如果在城市，就可能高达六分之一。所以，看一个人是否节俭，不能只看这些具体的数字。无论数字如何，只要一个人尽量节省，努力存钱，对自己和家庭总没什么坏处。如果一个人不知节省，花钱如流水，对自己和家庭总没什么好处。前者会使生活过得更好，后者会使生活过得更糟。如果能够发现自己的问题，及时改正过来，也许还可以挽回一些局面，如果根本没有意识到，或者认为这些行为无足轻重，迟早会陷入麻烦。

　　无论对谁来说，节俭都是十分必要的行为，这是毋庸置疑的事实。想要帮助别人，体现自己的慈善和慷慨，就要努力积累财富，并节制地使用它们。不然，一个人就无法完成社会赋予他的责任。如果一个人身无分文，不仅自己会过着穷困潦倒的生活，他的后代也无法接受良好的教育，继而开创自己的事业，改变这种世代相传的命运。就算一个人才智过人，如果不知节俭，同样会麻烦缠身。相反，如果一个人懂得节俭，就算没有多少才华，也可以打理好自己的生活。毕竟，节俭并不是一件特别困难的事。很多人都用实际行动证明了这一点。

　　可以说，英国人之所以取得了如今的辉煌成就，并在世界上占有一席之地，靠的正是勤奋地工作与节俭地生活。这是一种很好的现象，唯一值得遗憾的就是，到目前为止，英国人只看到了节俭对个人和家庭的重要性，致力于满足个人和家庭的需要，并以为这样做就是足够节俭了。他们根本没有积极地发挥节俭在社会教化中的作用，也没有找到行之有效的方法，使那些从不节俭的人变得节俭起来。因此，我们可以说，至少在现在，英国人在节俭这件事上做得远远不够，目光也不够长远。他们应该更多地考虑将来和社会，而不只是把目光放到现在和个人上面。当然，他们确实很勤劳，也能挣到足够多的钱，并可以用这些钱维持自己的生存和家庭的花销，但是在节俭方面，还有很多问题急需改善。

2.节俭是通向幸福生活的阶梯

节俭很重要，这一点不容置疑。但是，在当今社会中，它的地位还是需要提高。大家都懂得要节俭的道理，但是在实践中却很少有人这么做。平心而论，他们能保证不欠债就已经不错了，哪还能有什么积蓄？

为什么会出现这种情况，不同的阶级有不同的苦衷。对于上层阶级来说，他们为了保持社会地位，需要做一些不失身份的事——住豪宅，养好马，吃美食，喝名酒，穿名贵的衣服，日夜在美女中周旋……他们需要和身边的人比较，并且很少有人希望自己被比下去。于是，在永无止境的炫耀和攀比中，他们享受奢侈，鄙视节俭，好像谁更奢华无度，谁的身份和地位就会被看得更高。有些时候，其实他们自己也疲于攀比，但为了一些所谓的虚名，他们不能停下来，只能不断重复着、比较着，直到生命的最后一刻。

中产阶级远离节俭的理由是什么？是自卑和虚荣。他们比一般民众富有，但和贵族们相比，又总是差了一点什么。正是这一点"什么"促使他们像被鞭打的马一样，死命地追着贵族的步子，不顾一切地加以模仿。他们也要住豪宅，坐豪华马车，穿华丽的衣服……极尽铺张浪费之事。不仅如此，他们还力图让自己的子女学习马术、去剧院，尽量靠近上流社会。在这种无限期的跟风中，恶习滋生，荒唐蔓延，到处都散发着炫耀和攀比的味道。但是，这种消耗是巨大的，如果这个中产阶级足够有钱，也许还能顶上一段时间，如果他没有多少钱，过不了多久就会被拖垮，走向堕落的深渊。

劳苦大众为什么也很难节俭度日？这个理由倒是简单许多。他们本来就处于社会底层，每日辛苦劳作，损耗巨大，因此，他们拿到工资后，大多会放松一下，好好犒劳自己，而不是把它们存进银行。退一步说，就算他们会存些钱，但如果真的出了什么意外，这点钱也不足以为他们解决根本问题。所以，大部分人在这种情况下，自然会选择首先满足自己的物质需求，而不是放眼未来。

有些人倒是懂得节省，但是我们要明确一点，节省并不等同于节俭。虽然它们都表现为珍惜资源、拒绝浪费，但它们的目的很不一样。节省会导致吝啬，如果一个人沾染上了吝啬的恶习，久而久之，很容易走进为节省而节省的怪圈，显得锱铢必较、贪得无厌，把吝啬当成一种畸形的快乐。他们早就忘了珍惜资源的初衷，转而变得异常拜金，视金钱重于生命，哪怕他早已积累了几辈子都花不完的财富，在平常的生活中，却还是宁愿穿破衣服，吃简陋的饭食，从来没想过要让自己过得好一点。他们无法合理地支配财富，也从没有想过要动用财富，他们只是日复一日地积累着，像完成一项永不休止的程序。他们被财富轻易地支配却不自知，反而乐在其中。最悲惨的还不是这些，而是当他们撒手人寰后，那些被束缚已久的继承人因为忽然变得自由，总会忍不住放纵自己，挥金如土，把父辈辛辛苦苦积攒的财富短时间内挥霍一空。

节俭不会导致这些可悲的问题。因为真正的节俭是在一个人能力范围内，尽量过上更好的日子，并使这种日子可以一直持续下去。他们也积累财富，却并不在乎财富本身，而是财富背后的价值。对节俭的人来说，财富的作用在于使用，而使用的原则在于公平合理。金钱不是目的，而是帮自己和家人谋福利的手段和工具。他们会支配财富，而不是被财富支配。

如何做到节俭？无论对谁来说，最简便易行的方法都是尽量平衡自己的收支。这是一个人生存在世上需要掌握的最基本的技能，也是需要履行的最基本的职责。萨利公爵就十分明确这一点。他深深明白节俭的重要性，甚至认为连富有都没有节俭更重要。结婚之前，他时时注意节俭，因此可以很好地应对任何意外；结婚之后，他本着对妻儿负责的态度，更加把节俭当作一种义务。他十分清楚，当自己不幸遭遇意外的时候，尽管他的家人可以依靠慈善事业维持生活，但是这种日子必然不会好过，因为在被施舍的环境下，一个人很难保持尊严，也很难得到根本的幸福。与其让家人过这种日子，还不如勤奋地劳动，节俭地生活，杜绝挥霍浪费，努力节约财产，把多余的金钱储蓄起来，为妻儿留下一笔财产，尽量让家人过上幸福舒适的日子。

节俭的好处是如此之多，它的意义甚至不在于你最后到底攒了多少钱，而在于这种行为本身和在攒钱过程中养成的众多良好的习惯和获得的尊严与荣誉。它可以帮助人们减轻痛苦和焦虑，甚至完全消除它们。它可以让人们更加平静地面对意外或者不幸的降临，并将这些糟糕的情况变得稍好一些。它也可以让人们生活得更加自由，燃起人奋斗的信心，无论这笔财富的数量是多还是少。

节俭是一种福音。如果你试图节俭，就是在追求一个崇高的目标，为了完成这个目标，你必须控制自己的欲望，削减不必要的支出，尽量使自己远离奢侈浪费，用心中的美德战胜人性中丑恶的一面，让自己的生活变得井井有条。这是一个漫长的过程，却也是一件十分有益的事情，尤其当你有了孩子之后，在耳濡目染之下，孩子们一定会以你为榜样，学会自立自强，幸福快乐地面对生活。即便你没有孩子，在即将离开这个世界的时候，如果你知道自己的离去非但没有拖累他人和社会，反而为他们带来了财富和光辉，也一定会深刻地感到一种发自内心的安宁与圣洁。

3.个人对社会的巨大影响

　　无论对谁来说，追求发展，努力提升自己都是人生中很重要的事情。不仅如此，如果具备相应的能力，我们还应该尽力帮助别人，促进社会的进步。每个人都生活在社会中，每个人心中所想，实际所为都会影响到社会。因此，想要让社会变得更好，人们就必须共同努力。不过，因为每个人的先天条件不同，能做的事情也不同。只是，无论做了什么，对社会的影响都是十分显著的。例如，有些人虽然出身底层，生活贫困，但他怀有惊人的勇气，敢于与逆境抗争，解决困难，最终提升了自己的层次，获得了一定程度上的成功，为他人做出了榜样。有些人天生活力满满，有理想有抱负，并且乐于通过努力解决难题，提高自己的能力，实现自己的目标，这也是人性中好的一面，足以传达正面的信息，为整个社会带来荣耀。

　　想要成功，就要先坚定决心，再做出一个良好的开端，这是成功的基础。无论是决心还是开始，当它们真正存在的时候，都不仅对自己有利，也对他人有利。这种积极正面的能量远比华美的言辞更有感染力，也更能说服人心。如果想给别人留下深刻印象，为别人做出好榜样，就要先把目光放在自己身上，致力于提升自己，改造自己。社会是每个人的社会，因此它是否和谐繁荣，不仅与每个人息息相关，更会影响到每个人。如果人们都能积极向上，正面地对人对事，乐于拼搏，渴望成功，对身边的人施加正面影响，社会自然会走向繁荣昌盛。

还有一个问题，从古至今，一直和个人命运、社会现状密切相关。那就是公平问题，或者说，平等问题。伊斯马萨斯曾经回答过苏格拉底这样一个问题——"为什么有的人过得很好，并且手中经常有钱；有的人却过得不好，并且经常欠下债务？"在伊斯马萨斯看来，之所以会出现这种情况，是因为对事业的关注程度不同。那些更注重事业的人总会变得富裕，不注重事业的人总会变得贫穷。这个问答被古希腊哲学家色诺芬记载下来，流传至今。这种说法有一定道理，但是，在这里，也许需要补充这样一点，就是注重事业的人通常具备优秀的品格。与其他人相比，他们不一定更聪明，不一定更敏捷，也不一定更健壮。但是，他们一定拥有更高尚的美德，更注重节俭，目光也放得更远，是这些造就了他们优秀的品格，决定了他们的境况。

如果一个人行动迟缓，没有优秀的品格，又总把希望寄托在运气和别人身上，绝不可能获得成功。如果一个人过于贪婪，过于吝啬，过于浪费，过于崇尚奢侈，一定也与成功无缘。并且，这是他们应得的命运。如果一个人不善于积累经验，不能合理安排自己的工作和生活，也就无法掌控自己前进的方向，自然也会走向失败。如果一个人难以自立，也很难总结教训，必然会事事不顺。只可惜喜欢这么做的人很少认识到这些，他们只把失败归结于自己运气不佳。却忽略了这不过是他们为自己找的谎言或者借口。如果一个人很难在当前的环境里生存，不想改变自己，只想改变环境，必定会遇到重重困难。这时候，他们越坚持，越固执,得到的结果也就越坏。不管他们有着什么伟大的打算,都很难成功实现。

什么人才能获得成功的青睐呢?当然是那些早有准备,并且积极行动的人。只可惜,在现实中,等待条件成熟的人多,努力创造条件的人少,醉心幻想的人多,踏实做事的人少。于是,失败的人多,成功的人少。

我们必须承认,成功的果实虽然甜美,但真的不是所有人都期望取得同样的成功。不过,适时地积累一点财富总没什么不对,这也是大多数人都有的愿望。这虽然不能评判什么,却可以显示向上的期望。在这种期望的推动下,人们可以变得更加积极地工作和生活,怀着满满的活力与精力,期望超越,期望竞争,最终收获自立、自强、勤俭等美德,同时在这种氛围下,社会也会更快地向前发展。

勤劳,珍惜时间,懂得利用自己的能力和才智,敢于发明创造……世界是由这样的人推动进步的,而不是那些懒惰的、毫无目标的、随波逐流的、奢侈浪费的人。相对来说,前者也比后者更希望自己成功,更懂得劳动的价值、财富的意义以及财富的利用,并通过勤劳推动自己走向成功。他们高尚地生存,快乐地劳动。因为他们深信"劳动是神赋予优秀子民的天职",他们深切地明晰以下这些名言,并脚踏实地地去实现。

"一定要记住,要生活就要劳动。""时间像金钱一样宝贵,甚至比金钱还要宝贵,因此不要随便浪费哪一秒,要怀着敬畏的态度使用每一分钟。""用你喜欢被对待的方式对待别

人。""今天应该做完的事不要留到明天,自己应该做的事不要推给别人。""不要霸占别人的财物,哪怕数量很少。""不要超前消费,更不要被消费所迷惑。""有效地约束自己的行为,努力做好事,实现自己的生命价值,是每个人存在于世的最大责任。""不要节省到连生活必需品都舍不得买,也不要花一些根本没必要的钱。你需要做的,是用合理的钱,使自己过上简单朴素的生活,成为一个高尚的人。"没有谁会想沦落到不名一文的境地,于是,记住这些睿智的话就显得很有必要。灾难总会发生,但是,只要我们勤劳地工作,节俭地生活,合理安排自己的财产,并在适当的时候与他人合作处理问题,就可以在最大程度上避免这个问题。在这些条件中,注意合作尤其重要,要知道,在很多情况下,群体的力量真的比个体大,特别是在和金钱相关的事务中。如果懂得如何合理地调配能够调配的资源,说服别人帮助自己,即使是陷入最深的困境的人,也能成功渡过难关,重新愉快地生活,并可以通过积极发挥自己的力量带动社会的发展。

第七章　保险的重要性

●如果制定了目标，就要努力达到，千万不要因为一时冲动就放弃。

——莎士比亚

●我们是真理的捍卫者和朋友，是谬误的敌人。

——巴洛特

●当生命走到最后一刻，最遗憾的事，就是还没有到达毕生追求的目标。

——约瑟夫·梅

●昔日那些幸福和痛苦，其实只是我们生命的回顾。

——德·梅斯特尔

1.保险是一种聪明的投资

时至今日，保险已经发展得像储蓄一样普遍。从本质上来说，保险相当于一种合作储蓄。它主要体现在两方面：人寿保险和互助会。其中，人寿保险，也就是关于人的寿命的保险。简单来说，就是如果参保人死亡，保险公司就要付给受益人一定数量的赔偿金。一般来说，受益人大多为参保人的家人。这样，在参保人遭遇不幸后，他的家人就可以获得一笔钱，用来维持家庭的正常支出。也正因此，它可以为参保人有效规避因死亡而带给家庭的生存风险，为家人提供可靠的保障。而互助会，算是一种工人互助组织。如果会员遭遇意外，可以向互助会申请救助或者救济。如果会员意外死亡，他的家人可以领取一笔赔偿金。

就这两种保险的差别而言，他们面向的人群也不同。中产阶级或者贵族更喜欢人寿保险，劳工阶级更喜欢互助会。不过，无论是哪种形式的保险，它的最终目的都是为了给我们的家人增添一份生活保障，使他们在我们遭遇意外后，不至于缺衣少食、流落街头。当然，想达到这种效果，我们也可以完全依靠自己的力量。但是，无数事实证明，攒钱是一件非常艰苦的事，攒足够的钱更需要足够的时间。这并不容易，很少有人具有这样的自觉性，尽管大部分人都明白储蓄的重要性，却还是很难成功抵制外界的诱惑。所以，如果只靠自己的力量，慢慢地积攒金钱，也许，在自己去世前，并不能攒够足以保障家人未来生活的钱。

没人能说准将来的事。因此，无论处于哪个阶层，都应该坚决地跳过眼前的琐碎，适当考虑一下未来，积极地作出准备。作为一种明智的投资方式，保险相当于一份未来基金。从参保人领取第一笔保险费的时候，这个道理就已经被证明了。随着时间的增长，赔偿金的数额通常也会增长。这在最大程度上践行了投资的意义。在我们没有发生意外时，我们领取补贴，在我们发生意外时，也可以获得一笔赔偿金。这样，在大部分的时间里，只要参加保险，我们就绝对不至于束手无策，囊中羞涩。由此看来，投资保险是一件多么值得的事！

2.学会高瞻远瞩

如果参加了合适的保险，从中得到的好处，不仅可以保障家人的未来，更可以逐渐养成高瞻远瞩的美德和未雨绸缪的习惯。甚至，参保这件事本身就足以说明，这个人谨慎行事，充满对他人的道德感和责任感，勇于为自己负责，为家人负责，为未来负责。这是一种高尚的品德，也是关于节俭的一种实践。

参加保险，投资未来，不仅可以减轻人们在物质层面上的担忧和焦虑，使人们更少遭受折磨，内心变得安宁，也可以在最大程度上安慰即将离世的人，让他们不再担心家人在失去自己后如何维持同等生活水平的问题。无数事实证明，这比任何药物治疗都有效。这是很多人临终前都无法放心的问题，包括诗人伯恩斯。在他病入膏肓时，曾经写信对朋友说："我很痛苦，并感到前所未有的脆弱。我很担心我的妻子和六个孩子。我实在不知道，如果失去了我，他们以后应该如何生活。真希望我可以恢复健康，哪怕只是稍微好转一点也好。"也许，伯恩斯如果买了保险，就不会这么担心了。毕竟，通过保险投资是非常务实的行为，是一种道德义务，也是对自己生活负责的表现。因为它可以给你丰厚的回报，可以保证你的妻儿在最大程度上受益。并且，大部分的保险并不昂贵，哪怕你的收入不是很高，也没有别的创收渠道，只要定时攒下一些钱，把它们集聚在一起，就可以买一份保险。这比把钱存到银行更划算，因为它不仅可以保障你的生活，更能让你得到远比投入更多的钱。

　　我们经常听到这样一些事。有人一生奉行勤俭的原则，努力工作，节俭生活，所以在大部分时间里，他都不用担心吃什么，穿什么，住在哪里，因为他一向把自己的生活打理得很好。他属于被人充分尊敬的上层阶级，偶尔出入娱乐场所，有着稳定的社交圈子，重视对后代的教育，有着温柔贤惠的妻子，过着令亲朋好友们无比艳羡的日子。但这些都不能阻挡死神的脚步，忽然有一天，他与世长辞。自此，他妻儿的生活水平急转直下，简直像从天堂跌进了地狱。他们本来吃着美食，穿着华服，住着别墅，如今却不得不缺吃少穿，过着贫困的生活。也许，他们不得不靠人接济度日，不得不辛苦地出卖自己的劳动力，不得不流浪街头，甚至不得不坠入犯罪的深渊。

　　这是为什么？并不是因为这个人在生前没有努力赚钱，有节制地花钱，只是因为他的眼光不够长远，没有为家庭做下足够坚实的保障。或者说，他缺乏应有的道德感和责任感，没有很好地尽到作家长的义务，为自己的家人投资未来。因此，一旦失去主要经济来源，这个家庭或早或晚，都将面临分崩离析的厄运，而所有的家庭成员，都会成为社会的负担。这无异于变相伤害别人，损害他人利益，并让他人为自己的过错负责。

3.投资保险的重要意义

买保险是很有必要的明智的行为，很多人都已经认识到了这一点，但是这样做的人还不是很多。之所以会出现这种情况，一方面是因为很多家庭虽然不至于欠债，却也没有多少积蓄，因此也就根本没钱用于储蓄或者投资，另一方面是因为在当今的社会条件下，很多人的经济状况十分窘迫，对于他们来说，就算每天精打细算，也剩不下几个钱，每天的花销都满足不了，自然也不会考虑多少死后的事情。

这在现实生活中是很常见的事。比如，有这样一个商人，他的收入虽不是很多，但足以供养他的家庭。同时，他也具备为未来打算的思想，打算攒一笔钱，以备不时之需，或者，在他遭遇不幸后，至少可以用这笔钱使他的家庭依然过着充实的生活。于是，他制订了一个计划，开始孜孜不倦地攒钱，无奈生活中需要用钱的地方实在太多，以至于一直到他意外死亡的那天，他也没有攒够钱，因此一切都成了泡影。而他的家庭在他死亡之后，生活水平大不如前。

实际上,与其像他那样攒钱,不如参加保险,与其参加别的保险,不如参加人寿保险。在所有的保险里,人寿保险是最安全的一种。它可以在最短的时间内取得最好的效果。如果一个人参加了保险,就可以大大减轻对未来的担心和焦虑,因为当他死亡的那一天,受益人一定会领到一笔赔偿金。而且,他死得越晚,也就是说,他投在保险上的资金运作越久,保险公司用这笔钱得到的利润就会越多,给他的赔偿金也就会越多,保险的价值也就越显著。有了这种稳固的保障,他为什么还要担心家人无法在自己死后很好地生存呢?

其实,无论怎么说,参加人寿保险的回报都是有目共睹的。如果一个人不幸早世,那么他可以少交几年保费,家人可以更早地领到赔偿金,如果他去世得晚,虽然多交了几年保费,但家人领到的赔偿金的数额也会更大一些。这是一件很公平的事。

未来是难以预测的。为了应对未来的风险、灾难和意外损失,我们有必要理智地安排自己的事务,并用保险来保障当前的生活。尤其对于一个男人来说,这更重要。毕竟,作为男人,生前有义务养活自己的家人,保障他们无忧无虑的生活,死后也同样有义务为家人留下一笔财产,使他们不至于陷入悲苦的境地。这是不可推卸的责任。一个自尊、明智、细心和充满使命感的男人是不会反对这种说法的。而且,想做到这些并不困难,只要努力工作,用心生活,就可以轻而易举地实现这个目标。只可惜,目前,社会的各个阶层中,这种义务并没有受到普遍重视。

第八章　如何安全地渡过难关

●它是如此重要，以至于我希望能够以天作纸，以金作字，来书写它的名字：储蓄银行

——马希

●如果你想帮助穷人，请牢记这一点——提升他们的能力，让他们可以自己帮助自己。

——萨姆纳大主教

●那些懒汉们真应该去看看蚂蚁是怎么生活的。这样他们就会变得勤快起来。对于蚂蚁来说，没有督察官，没有统治者，它们不被任何人监督和限制，却可以自觉地为即将到来的冬天积攒食物，使自己免于匮乏。

——格言

1.养成储蓄的好习惯

无论对于个人还是家庭来说,就像女人不会轻易谈及自己的年龄,人们也不会轻易向别人谈及自己的财产状况。尤其当他身陷贫困,毫无积蓄,完全没有生活保障,连生了病都没钱去看的时候,更会想方设法地把贫穷当成秘密一样保守。就像道格拉斯·杰拉尔德说的那样——在这个世界上,人们极力隐瞒的最大秘密就是贫穷。确实,没人希望别人发现自己的贫穷,哪怕自己真的很穷。

大多数人都没有意识到,其实,任何人都可能遭遇贫穷。如果一个国家出现大规模的商业危机或者陷入长期的经济萧条,这种情况出现的概率就会更大。无数的人可能失业,无数的家庭可能无法维持。如果他们没有亲友的帮衬,自己又没有存款,日子就会更难过。就算那些工厂主、银行家,也无法完全高枕无忧。在激烈的竞争中,他们既要保全自己,又要提防别人,耗费的不只是精力,还有实实在在的金钱。稍有不慎,就会因经营不善而破产。并且,他们的生活水平也会因此大不如前。

如何解决这种问题?如何有效避免各种意外和不幸?目前为止,最安全、最方便的方式就是储蓄。需要注意的是,这里说的储蓄,并不是投资,而是一点一滴地存下切实可见的金钱。

据议会下院的布莱特先生统计,1860年,英国劳工阶级的总收入是三亿一千二百万英镑,现在,十五年过去了,这个数字不会低于四亿。这是个不小的数字，只要稍加留意，合理地利用财富，有意识地克制住自己不随意挥霍，尽量简朴地生活，就可以轻而易举地从中节约出三千万到四千万英镑。这是一个相当可观的数字，它足以让他们中的很多人，包括他们的家庭，过上更好的生活，甚至会让他们的晚年更有保障。相反，如果无法做到这一点，就像是在钱袋上烧了一个洞，无论赚了多少钱，最后都会所剩无几。

对于普通人——工人、职员、仆人等人来说，都要时刻警惕，确保自己不被解雇。但是，是否被解雇，何时被解雇，都不是这些人能左右得了的。在这种情况下，如果他们习惯于花光自己的工资，那么在失业的时候，他们就会过得很困难。但是，如果他们把工资中的一部分存起来，在他们找到新工作之前，生活就会很容易地被维持下去。

不要担心最初的积蓄数量。积蓄的意义不在于数量，而在于一直坚持下去。哪怕一天存下一点钱，长期地累计下去，也是一笔不菲的收入，而这种行为本身也是值得称赞的。只需要不多的钱，就可以让一个工人在失业之后维持生活，直到再次获得工作。对于那些已经结婚，尤其是有了孩子的人来说，有一笔积蓄能让他在失去工作的时候还能养活一家人。对于那些单身男人来说，有一笔积蓄能让他在失去工作的时候还能养活自己。对于那些单身女人来说，有一笔积蓄能让她在失去工作的时候不走邪路。无论什么人，都需要一笔积蓄，不管这笔积蓄是多么微薄，也是帮助你走向自立的重要条件。

金钱是物质的，但它是获得舒适生活的必备条件，也能在最大程度上让人变得诚实与自立。从这个角度来说，金钱价值重大。虽然不应过分贪婪，但是金钱的确是生活中不可或缺的东西。因此，在能储蓄的时候，一定要适当储蓄，尤其是年轻人，千万不要总是花光自己的全部收入，甚至借债度日。要知道，那样的生活通常是受限的，并且是走向贫困的开始。没有什么比依靠自己的收入和积蓄生活更为自由和舒适。哪怕认识再有权力、再富有的人，也不如让自己变得强大和富裕起来。

想要跨出这一步，只要克制自己不必要的欲望，每天节省一个便士。这是一种极能体现眼界和智慧的做法，也是通向自立、幸福生活的唯一道路。

2.储蓄的现状

以科贝特为代表的那些人曾经怀有这样一种偏见——储蓄是对人的侮辱，储蓄银行更是只在幻想中才会存在的东西。当然，这只是因为无知而产生的谬论。可是，在当前情况下，这种人确实相当多。他们丝毫认识不到储蓄的重要性，也从来不认为这是一件值得重视的事情。他们看不起小钱，也看不起那些不多不少的钱。他们特别喜欢花掉自己拥有的每一分钱，并且无论数额有多大，都不觉得这是一种巨大的损失。因此，储蓄银行理应被大部分人需要。因为它可以帮助人们存下即便少于一英镑的钱，使财富得到有效的积攒。

现在，储蓄银行还在尝试阶段，但是已经有一部分人把钱存在那里了。

18世纪末，普利斯拉·维克菲尔德小姐在敦汉姆教区创办了第一家储蓄银行。这家银行创办的初衷，只是为了使那些穷孩子养成节俭的习惯，尽可能多地往银行里存钱。这种做法相当成功，因此约瑟夫·斯密得到了启发。1799年，他在温顿实施了同样的做法——让教区内的居民在夏天存钱，如果他们能一直存到圣诞节，银行就会返还他们占本金三分之一数额的利息。1804年，维克菲尔德小姐扩大了银行的服务范围，在吸收孩子们存款的同时，也接受成年人的存款。四年后，在巴斯市，几位女士建立了相似的机构。在国会，维特布莱德先生也提出了这样的建议——为劳工阶级建立全国性银行，只可惜没有得到响应。一直到亨利·邓肯重新提起这件事，储蓄银行才得到应有的重视。

人们需要储蓄银行，这是大势所趋，尤其是那些贫困的人们，他们更需要存钱来保障自己的生活，这是邓肯先生的想法。抱着这种想法，他决定首先在邓弗里斯郡展开试验。这里的人们大多贫困，因为他们只能靠耕地维生，平均周薪最多只有八先令。表面看来，这里似乎并不适合建立储蓄银行，但邓肯先生不这么认为。因为他知道，即便人们过着并不富裕的生活，也还是有很多家庭延续一些自古以来就有的天然储蓄方式，例如种植瓜果蔬菜，养牛养猪。他们为什么要这样做？原因很简单，因为如果这样做，他们就可以获得黄油、牛奶、熏肉和新鲜的蔬菜作为回报。他们虽然不是很重视储蓄金钱的价值，却还是有储蓄其他

东西的习惯。只要有这种习惯,储蓄银行在这里就可以被建立起来。

在建立储蓄银行的过程中,邓肯先生并没有对当地居民讲什么高深莫测的大道理。那很难理解,也和人们的日常生活无关。他采取了更为平易近人的说法,说服大家储蓄金钱和储蓄其他物品一样,都可以获得相应的回报,而且通过储蓄金钱,大部分人可以过上更好的生活,赢得他人的尊重。这样一来,哪怕是最愚蠢的人,也能很容易理解储蓄的好处并开始尝试储蓄。鲁斯威尔教区储蓄银行也就这样被建立起来了,它是21世纪英国第一家自主银行。

很快,在英格兰和苏格兰的很多地方,其他自主银行相继建立,这些银行主要面向劳工阶层,也就是说,传统意义上的穷人、妇女和女佣。但是,它们却在很短的时间内吸取了大量的金钱。在看到储蓄的好处之后,那些收入更高的人,例如工匠和工人,还有一些小商人,也纷纷把钱存了进去。

这些银行最为突出的特点就是自主性极高。它们与以往的慈善机构不同,它们的存在并不依靠某些机构的庇护,而是完全依靠自己的力量。只要搞好和客户的关系,说服客户把钱存进去,它们就是成功的。同时,它们传达了一种积极的能量,人们只有勤劳地工作,节俭地生活,并且具备高远的眼光,才能省下钱,再把这些钱存进银行里。随着储蓄银行的发展,很快,社会上扬起了自尊与自立的风气,在失业之后,人们也开始不甘心只靠领取救济金来维持自己的生活,反而更注重依靠自己的力量,有效地掌管财富。

定期储蓄成为越来越多的人的选择，关注它们的人也越来越多。1817年，为了更加合理地管理这些银行，规范它们的行为，确保它们的安全性，国家专门制定了法律，出台了一系列措施。

不过，无论是过去还是现在，热衷于储蓄的，哪怕在劳工阶层中，也大多都是中等收入的人，而不是那些高收入的人或者低收入的人。那些高收入的工人，因为觉得自己收入颇丰，不用担心未来，就把大部分收入用来喝酒消费，不愿意把它们存进银行。据统计，在各地储户中，大部分人属于仆人、职员、矿工，也就是说，是劳工阶层的中等收入人群，而不是像工匠、商人等高收入人群。这是一种极为普遍的现象。例如，在约克郡，从事制造业的人的人均存款只有二十五先令，从事农业的人的人均存款则接近一百先令。而且，相对于中等收入的劳工，低收入的劳工虽然不是很喜欢存款，至少比高收入的劳工要好一点。

3.爱储蓄的士兵们

纪律对人的影响深远而持久，它简直是世界上最应该存在的东西。它既可以使人们规范自己的行为，也可以让社会在一个可控的范围内运行。能够遵守纪律的人总能更加自觉、自立，也更注重自己的想法，更容易获得成功。作为一种看不见的约束，纪律可以使人的意志变得更加坚强，行为变得更加理智，因为服从纪律代表着要严格控制自己的个人情感和欲望。无论从事哪个行

业，服从行业规则都是必须要做的事。在家庭生活中也是如此，只有制定完善的规则并积极地遵守它，最终使之成为自觉的行为，家庭才能达到最高程度的和睦，家庭成员也才能感受到最大的自由。因此，在人类社会中，纪律与训练不可或缺。

虽然现在国家已经不需要太多士兵，义务征兵制存在的必要性也在逐渐减少，但是一个国家想要强大起来，就必须对民众进行必要的训练，使人们养成服从纪律的意识。事实也证明，那些经过训练的人会比没有经过训练的人更节俭，更愿意过简朴的生活。正因此，在如今的世界上，对民众进行军事性训练已经成为很多国家的必要选择。士兵和工人在很多方面都不同，在对待金钱的态度上尤其如此。士兵的收入很低，比收入最低的工人还要低，但他们的存款却比最高收入的工人还要高。与人们长期以来的凭空想象不同，士兵们根本不是头脑简单的莽夫，他们比普通人更能遵守纪律，生活更节俭，因为在军队里，他们在大部分时间里不能过量饮酒，也不能欺骗自己周围的人。服从、简朴和诚实，是他们作为士兵必须遵循的行为准则。

值得注意的是，没有人生下来就是士兵。在进入军队以前，他们来自各行各业，有人是裁缝，有人是鞋匠，有人是纺织工人，有人是农民，但无论他们之前是做什么的，进入军队后，他们都要无所畏惧地同敌人作战，共同保卫我们的国家。很多人在参军前和参军后判若两人，这是为什么？因为他们受过专业系统的训练。这种训练有效地改造了他们，使他们从懒散随便的普通人，成功转变为纪律严明、英姿挺拔的军人。

无论是哪种训练，都意味着要遵守纪律、完善技能。在训练中，人们必须最大限度地规范自己、服从指挥，而这种整齐划一、目的明确的精神，足以促进一个民族的进步。训练的好处不止体现在军事上，也体现在经济上。受过专业训练的技工总能比其他工人更加熟练地完成工作，效率也会更高。这个道理已经被约克郡有力的证明了。

遵守纪律的人更节俭，更喜欢储蓄，所以军队银行必然成功。长久以来，政府都密切关注这一点。大部分人都认为，军队银行的建立十分必要，也必然受到了士兵的欢迎和支持。1816年，佩麦斯特·费厄福尔最先指出了建立军队银行的必要性。1826年，科勒纳尔·奥格兰德也提出了相似的建议。不过，惠灵顿公爵并不赞同。他认为没有必要专门为士兵成立银行，因为士兵可以像任何人一样在普通的银行里存钱。而且，他们的钱并没多到用不完的地步。"如果他们真的富有到如此程度，"这位公爵极富个性地表示，"那就应该降低他们的收入。当然，不需要降低正在服役的士兵的收入，我的意思是，降低以后的士兵的收入。"这实在不是让人愉快的言论。众所周知，士兵们的收入根本没有到达那个程度。不过，公爵的态度还是代表了一部分人的态度，以至于这件事被搁置了很长一段时间之后，才终于付诸实施。在这个过程中，詹姆斯·麦格雷戈爵士和赫威克勋爵起到了重要作用。

1842年，第一家军队银行一经成立，便得到了士兵的强烈支持。根据报告，全军的总存款大约有四万多英镑，每个团都存下了好几千英镑,炮兵团的人均存款是十六英镑,工兵团的人均存款是二十英镑,第二十六团的人均存款是十七英镑。需要强调的是,这些钱是在他们寄钱回家后节省出来的钱。大部分士兵都需要寄钱回家,在奥尔德肖特,士兵们每年要寄两万多英镑回家。如果他们不够节俭,目光不够高远,想达到这个目标,几乎是不可能的事,因为他们的周薪只有不到八先令。几乎所有工人的工资都比这高得多。

在英国本土,士兵们热衷储蓄,在海外或者战场上,士兵们也一样。他们更看重家人和自己今后的生活,而不是当前的享受。据统计,在克里米亚战争期间,士兵们向家里一共寄了十万英镑,大部分钱的目的地是苏格兰和爱尔兰。驻印度的军团的情况也差不多,回国后,他们几乎都带有大量存款。

相对于统计出来的数据,士兵们实际的存款可能要更高。因为他们的选择比普通人更多。他们既可以在军队银行存款,也可以在普通银行存款。而且,有一部分士兵明显更喜欢后者。因为这会避免很多麻烦。有些军官不喜欢让自己的士兵存钱,有些士兵在挥霍掉自己的收入后,如果知道自己的战友拥有积蓄,就会大言不惭地借钱。这种现象在工人中也同样存在,他们存钱的时候,会尽量瞒着雇主,或者选择避开那些雇主熟悉的银行,或者用假名存款。因为有些雇主不喜欢让自己的工人存钱,他们认为,如果工人们有了积蓄,就不会安心为自己工作,原因是他们已经有了足够的钱用于寻找新工作,不用担心在失业后过不下去。还有一部分雇主认为,工人们既然还有钱用于存款,就足以证明工资太高，需要降低工资。

　　这些自私的军官和雇主并不能掩盖储蓄的好处。对于一个独立的人来说，总要有属于自己的财产，而那些怀有自私想法的上级毕竟是少数。一位来自比尔斯顿的官员就曾经亲自说服一个工人存钱。那个工人收入很高，但是没有多少积蓄，而且像他的朋友们一样喜欢吃喝和娱乐。因此，一开始，他对存款并不感兴趣。但是，这位官员很注意对他的鼓励，每当他存下一笔钱，就会得到这位官员的鼓励和欣赏。在这种情况下，这个工人积蓄了一大笔钱，并用这些钱买了地，建了房子，不仅提高了自己的社会地位，也为他人树立了良好的榜样。

4.便士银行的作用

　　实际上，大部分高收入劳工都有能力进行储蓄，因为他们的收入确实十分丰厚。只要他们愿意，他们就可以存下足够多的钱。

　　很多工人也确实是这么做的。在一个以农业为主的地区，有这样一家大工厂，因为附近的娱乐设施很少，里面的工人大部分都有高于二百英镑的存款。不久前，有个技工还用自己的积蓄买了房子。在本地或附近的城镇，这是很普遍的事。他们把自己的一部分收入积攒起来，最终或者靠买现成的房屋，或者靠自己建造新房屋，有了一个舒适的住处，过上了更好的生活。

　　其实，想要有一笔积蓄并不困难。达到这个目标不需要你有

多么惊人的毅力和多么高尚的品德，只要有这个想法，并愿意付诸实践，无论你处于哪个阶层，都可以在这方面取得一定的成就。一天，布拉德福银行迎来了一位穿着得体的工人。他是这里的老主顾，这次他依然是来存钱的。如今，他所有的积蓄已经将近八十英镑。银行经理说，这个工人之前酗酒无度，也没有存款，有一天，他无意间看到了妻子的存折，上面显示她有二十英镑的存款。这让他很意外，他开始思考这样一个问题——"我一直在挥霍钱财，她还能存下这么多钱，如果我也开始存钱，我们的财富一定会更多吧？"渐渐地，他戒了酒，也尝试把多余的钱存起来。随着财富的逐渐增多，他果然赢得了周围人的尊敬和称赞。不过，每次说到这个问题，他都会谦虚地说，他之所以能发生这么大的变化，都是因为他的妻子和储蓄银行。

说到这些，就不得不提便士银行。这种银行是一种伟大的尝试。它和一般银行不同，一般银行的存款最低限额为一先令，但是便士银行存款限额要低得多。因为，我们自然也要考虑到，很多特别穷的人，他们真的存不了一先令那么多的钱，可是他们也需要一个安全存钱的地方。J.M.斯科特先生敏锐地注意到了这一点，于是，三十年前，他在格里诺克开了第一家便士银行，虽然这家银行只是另一家储蓄银行的附属机构，但是它一经开设，便吸引了上千客户来存款，获得了相当程度的成功。就此，奎克特先生也仿效了斯科特先生的做法，在伦敦开设了一家便士银行。这家银行更受欢迎，一年之内，它吸引了一万多人来存款，以至于后来不得不对存款账户进行必要的限制。

奎克特先生认为，便士银行的作用是这样的："人们在这里存款，大部分是为了能用这笔钱实现一些短期小目标，比如交房租、买衣服、给孩子交学费。一般情况下，他们不会轻易动用这笔钱，除非他们或者他们的家人遭遇了非常突然的不幸。而且，他们通常不会一直把钱存在这里。当积攒够一定数额之后，他们就会把钱转移到正式的储蓄银行。"

查尔斯·W. 希克斯先生也非常支持工人们，尤其是制造业工人们积极储蓄的行为。他是哈德斯菲尔德银行的出纳，他认为对年轻人来说，知识虽然是必不可少的，却远远没有节俭重要、实用。从社会层面上来说，任何的挥霍与浪费都是一种不可饶恕的恶行。因为"至少从劳工阶级的角度说，工资越高，越不节俭，就意味着越不幸福的生活。这种生活会让人们充满怨恨，会对社会对他人造成危险。既然已经处于这种境地，他们还有什么条件和心情去学习知识？"为了证明这个观点的正确性，希克斯先生举了这样一个例子。他有一个朋友，在西区经营了数十年的工厂，这位朋友很有经营头脑，也注重引进先进设备，提高工人的工资水平，总之，一句话，他把工厂经营得很不错。但是，他手下的纺织工人的生活并不尽善尽美。尽管年收入可达一百英镑以上，他们的居住环境依然差得出奇。他们赚了更多的钱，生活却没有变得更好，更没有想到要去储蓄。可是，也有一些人，他们的工资并不是很高，却能把自己的生活打理得很好。这位开明的工厂主敏锐地认识到了问题关键所在，特意为工人们在银行开了账户，建议他们把钱存到银行，但是这样做的效果并不好。大

部分工人并没有按他说的做，只有很少一部分人把钱存到了账户里，并且坚持储蓄。

对于这种现象，希克斯先生提出了一个建议。他认为，每个机械协会或者每个工人组织，都应该建立一个银行委员会，用于接受会员的存款。当然，想让工人们养成储蓄的习惯，并不能单纯靠讲道理或者生硬的指责，而要理解他们本身的艰难处境，通过表达对他们的同情，友善地对待他们，劝说他们要过节俭的生活，克制住自己那些不必要的欲望。如果采取对的方法，劳工们一定可以养成这种习惯。而当这种行为成为习惯，他们就能过上更好的生活。

这个建议一经提出，便被广泛采纳了。哈德斯菲尔、哈利法克斯、布雷德福、利兹和约克……大批的银行委员会和便士银行逐渐建立起来，吸引了越来越多的人前来存款。这是一种很好的过渡。最初，他们的账户上没有多少钱，但可以在便士银行办理业务，逐步养成储蓄的习惯，慢慢地，随着他们的钱越来越多，习惯也差不多养成了，就可以把钱转移到普通储蓄银行。

在格拉斯哥的一个银行委员会的报告中，他们提出了这样一个观点："如果不注意把小钱攒起来，而是随意花销，就很难攒下什么钱。"由此看来，想增加储蓄银行的客户，就要大力发展便士银行，让每个人都有存钱的能力、欲望和习惯。要知道，对于穷人来说，存钱是很困难的事。他们中的大多数根本不知道储蓄为何物，有些人即便认识到了储蓄的重要性，手里也没有足够的钱可供储蓄。所以，我们理应降低储蓄的门槛。很多便士银行正是这么做的,在它们的客户中,大部分人的账面上都不超过六便士,哪怕是平均起来,人均也不到一先令。可是,我们不能因为这个数额小,就忽略掉它的价值。例如,仅仅几年的时间,法汉姆城的便士银行就为当地的储蓄银行提供了一百多个储户。德比的情况也是如此,大约有十分之一的储户,他们来到便士银行,只是为了存一些几便士的硬币。虽然金额不多,但这种行为却是十分值得提倡的,而且它们确实可以带来意想不到的经济效益。因此,大部分银行人士都十分看好便士银行的前景,并对此抱有相当高涨的热情。

5.储蓄影响人的精神

与一般银行不同,便士银行的创办,是为了给那些收入微薄的人提供方便,毕竟,他们像高收入工人一样喜欢喝酒享乐,少有储蓄的习惯,工资却远远没有后者那么高。据统计,在使人们远离酗酒和养成节俭习惯的方面,便士银行起了不可磨灭的作用。有了便士银行,人们更喜欢把零钱存到那里,而不是用来在酒馆里买酒。有一个酒商曾在普特尼的一家便士银行委员会工作,他表示:"自从有了便士银行,人们每年都会少喝三千品脱的酒。"

在便士银行存钱的大多都是年轻的小伙子。他们中的很多人在工厂工作,他们存钱的目的大多是为了买工具、手表或者词典,而且同伴对于他们的激励作用是巨大的,只要周围有人在孜

孜不倦地存钱，他们就会受到影响，纷纷仿效，谁也不想落后。除了这些未来的男人，便士银行其他客户的存钱目的也不是很复杂。通常情况下，他们只是为了做一些日常的小事，比如买一件上衣，买一个时钟，买一件乐器或者做一次旅行。

储蓄对人的影响是巨大的，尤其是这些年轻人。通过储蓄，他们逐渐承担起自己的家庭责任。有一次，一个男孩来到便士银行，想取出一英镑十先令，因为在没有预约的情况下，他最多只能取出二十先令，所以出纳本来想拒绝他的请求。但是，这个男孩给出了相当合理的解释："我取这些钱，是为了替我妈妈付房租。她最近遇到了一点困难，我应该尽力帮她解决。"还有一次，便士银行接待了一位年轻人，他想取出二十英镑，使他兄弟免于服兵役。因为"我母亲不想让他去当兵，如果这件事真的发生了，她会很伤心的，我不能坐视不管"。

通过在便士银行存钱，更多的人有希望还清债务，积攒属于自己的财富，除此之外，便士银行有更重要的影响，当然是在精神与道德方面。它不只在物质上为人们提供便利，更能使人们逐渐养成节俭的好习惯，唤醒人们的责任心和道德感。在专门为穷孩子开设的学校里，管理者正是通过这一点使学生们得到恰当的教化。这种尝试是成功的，因为这些学生每年都可以存下八千多英镑。因此，储蓄并不是一件难事，对于孩子来说是这样，对于那些领着高工资的成年工人也是这样。而且，教导孩子们存钱还有另外的好处，就是可以通过这种方式影响他们的家人和朋友。如果一个男孩总是去银行存钱，并拥有属于自己的账目、利息和一定程度上的财务自由，当然会赢得别人的赞许，也能点燃他人开始储蓄的热情。他的家人会更加频繁地关注他，也会在他的积极影响下，不知不觉地走上储蓄的道路，养成良好的习惯，使整个家庭向更好的方向发展。这是一种良性循环，对任何人都没坏处。

我们不得不承认，在大多数事情上，女人都发挥着重要的作用，在家庭生活中更是如此。她们承担着教育子女、维护家庭的重要任务，这不是一件容易的事。通常情况下，孩子们成为什么样的人，与他们的母亲有着密切的关系。而且，如果一个男人能得到妻子的激励和帮助，也会觉得非常满足，更容易取得成功，家庭氛围也会更加和睦。"男人成为什么样子，关键在于女人如何造就他。"这是卢梭说过的话。事实也确实如此，虽然在大部分领域，男人总是具备更多的话语权和做出决定的权力，可是他们最终的态度和决定，很少有不被女人影响的。

教育和榜样的力量也不容忽视。它可以在最大程度上弘扬经济精神，并使人们在现实生活中做出有效的实践。现在，大部分公立学校都会为学生们讲解基本的经济常识。例如，在苏塞克斯，克莱朗先生长期为孩子们教授关于货币、储蓄和节俭的知识。这位先生非常支持便士银行。在根特，为了方便学生们存储零钱，很多学校都设有校内银行，如今，这些孩子已经有了一万八千英镑的存款。在格拉斯哥、利物浦、伯明翰等城市，学校银行也相继出现。

储蓄可以改善人的生活，净化人的精神，无论一个人是贫困还是富有，适当储蓄总没有坏处。而想要让民众们养成储蓄的习惯，就要从孩子抓起。因为孩子更容易受影响，只要稍加引导和激励，就会奔向节俭的怀抱。同时，他们也有储蓄的经济基础，因为每个孩子或多或少总有一些零花钱。不仅是英国，包括比利时、荷兰、法国、意大利在内的很多国家都已经认识到了这一点。

第九章　不容忽视的细节

●镇定、舒适和安宁，一切美好的情感都需要一点一滴地累积。只要对亲人和朋友多一点关怀，你就会感受到无处不在的爱。

——罕纳·莫尔

●学会合理地利用自己的金钱，就再也不用担心手里没钱。不在乎细节的人，最终都会败在细节上。

——所罗门

1.细节是影响成败的重要因素

每个人的一生都是由无数件小事组成的，虽然不是每件小事都很重要，但是想要得到幸福，走向成功，就要重视这些小事。

注重细节可以让人更快地走向成功，忽视细节可以让人更快地走向失败。人们的品格和意志正是体现在如何处理细节和小事上。人们都会注意办好大事，因此在重要的事情上，很难看出一个人的真实品性，人与人之间这些难得的细微差异，通常表现在细枝末节上。我见过这样一个年轻人。他到了结婚的年纪，想为自己找个妻子，刚好，在他认识的女孩中，有一位既长得漂亮，脾气也和他合得来。他本来想和她交往，但他逐渐注意到，这女孩不是很注重仪表，她穿衣服的时候，别针总是别得歪歪扭扭，头发也很少有梳得整齐的时候。于是，这个年轻人放弃了自己的想法，转而和另外一个女孩交往了。也许有人会觉得这个年轻人太苛刻了，可是，事实证明，那个不修边幅的女孩在成为别人的妻子后，也不是很擅长打理家务，而这个年轻人却成了一个好丈夫，把自己的家庭经营得很好。

处理小事，无论对谁来说，都是绝佳的机会，如果能把握住这个机会，在这个过程中积累经验，学习知识，就能使自己变得更好。反之，如果不屑注意细节，不想做小事，人们只能一无所成。有趣的是，那些总是失败的人，他们往往认识不到这一点。每次失败，他们总会觉得，这是因为自己少了一点运气，丝毫不从自己身上找原因。

运气从来不是随机的产物。它只青睐那些勤奋、细心、有准备的人，而对那些懒惰、粗心、得过且过的人不屑一顾。想要成功，就要有好运，这没错。不过，想要有好运，就要具备让好运降临的基础。

其实，我们可以更积极主动一些。要实现自主，走向成功，与其坐等运气降临，不如主动出击，自己为自己创造条件。运气是消极的、软弱的。如果一个人总是坐在那里等运气，难免会陷入自我放纵的泥潭，如果没有等来运气，又会不停地抱怨；劳动是积极的、坚定的，如果努力劳动，不断奋进，就会收获良好的品格，爆发成功的力量。

对于每个家庭来说，想要把家里弄得井井有条，创造舒适的氛围，让家庭成员健康幸福地生活，就要合理安排那些小东西，关注每一个细节，认真处理那些像擦地板、洗茶具之类的小事。必须清楚，和家务有关的事情总不会有什么大事。它们向来细细碎碎，却时刻不容忽视。这些事情看起来虽小，却有助于对我们品格的培养，而且，在日常生活中，它们是幸福感的重要组成部分，起着不可替代的作用。比如，对于很多人来说，保持室内空气流通就是一件小事。可是，如果总是忽略这件小事，人们就很可能会生病。不只是空气，如果没有及时开关门窗，擦掉家具上的污垢，也很有可能引发不必要的损害，导致令人困扰的后果发生。

有一位药剂师，他需要一个助手。因为他在业内很有名望，很多年轻人都来应征。药剂师是如何筛选这些人的呢？很简单，他发给他们每人一个口袋，让他们把价值一便士的盐倒进口袋里。谁倒得最快，洒得最少，他就录取谁。后来，他选中了一个合适的助手。事实证明，这个被选中的年轻人确实手脚麻利，适合做这个工作。

细节和小事非常重要。很多公司损失财产，正是因为对小事的疏忽。如果没有在离港前仔细检查货船，它就很有可能因为船底的一个小洞而沉没在途中。如果没有精确地记录账目，就很有可能引发一场严重的商业纠纷。这样的事非常多。因为少了一颗铁钉，一个马蹄铁就会损坏，因为损坏了一个马蹄铁，一匹战马就会受伤，因为伤了一匹战马，一位将军就会死亡，因为死了一个将军，整个军队就会被毁灭，而导致这个悲剧的原因，都是因为少了一颗小铁钉。这是多么令人惋惜的事！

认真的人往往会仔细检查每一处细节，不认真的人则希望任何事都可以轻易蒙混过关。一点都不担心高尚的品格因此丧失，事业和信心也因此遭受损失和打击。"差不多，这就行了。"这微不足道的一句话，很有可能会导致一艘巨轮的沉没，一场火灾的发生，甚至会让那些人们最重视的美好事物轻易地毁掉。对细节的忽视是人们最大的敌人，它会让人们很难做成任何事。想要顺畅地达到目的，走向成功，就要重视你所遇到的每个细节。如果一个人总是得过且过，谁又能完全相信他，对他抱有多高的期望呢？

在政治经济学上，有这样一个例子。这是法国的相关专家萨伊亲自见到的。在一个农场里，养家禽家畜的地方，为了防止它们四处乱跑，总要修一个围栏。但是，有一个围栏的插销坏了，主人认为这没什么，一直没有去修。因此，那个围栏的门就再也没有关上过。偶尔会有聪明的动物趁机跑出来，每到这时，主人就要发动大家去寻找这些家禽或者家畜，甚至连园丁，厨师和挤奶工都免不了这种差事。有一次，园丁在追一头逃跑的小猪时，不小心扭伤了脚，养了两个星期才好。还有一次，因为奶牛伺机逃跑，慌不择路，踩断了一匹小马的腿。为什么这些事会接二连三地发生呢？都是因为坏了一个插销，没有及时地修好。如果主人敏锐地注意到了这个问题，不会花多少时间，也不会花多少钱，这个问题就能被解决，之后的那些事也就都不太可能发生。但他并没有，因为他的疏忽大意，不得不因小失大，把本来好好的事情弄得乱七八糟。我们非常有理由相信，如果他还是这样一直下去，总有一天会丢了整个农场。

2.积少成多的重要价值

如果一个人习惯于忽略细节，并且一点都不关注生活中的那些小事，就一定会遇到各种各样的麻烦。这是很常见的事。那些总能顺利渡过难关的人，从来不会忽略任何一件小事。无论这件事有多小，他们都会认真对待它。这也正是他们的伟大之处，因为他们懂得关注那些在表面上看来完全微不足道的事物。

也许很少有人会觉得一便士重要。毕竟，它只能买半杯啤酒或者一盒火柴。更多的时候，它们只被用来打发乞丐。除了做这些小事，在其他事情上，它的作用可以说是微乎其微。但是，如果仅仅因为这个就不在乎它，很可能会一步一步失去你本来就拥有的幸福。

一个人，无论多么努力工作，赚了多少工资，如果这样忽略一便士的价值，过不了多久，他所有的财富也会逐渐溜走，他的生活也会因此而变得窘迫。如果他重视每一个便士的价值，懂得精打细算，积少成多，让每一个便士发挥出最大的作用，他就可以让生活变得更舒适，也不需要担心自己与家人的未来。这正是对关注细节最好的回报。

　　一便士很少，一英镑却不是。可是，要攒下一英镑，就要从攒下一便士做起。想要存钱就要懂得积少成多的重要性。因为随着你的财富逐渐增长，你生活的舒适度、你独立自由的程度也会逐渐增长。也许你现在赚的钱很少，但是不管这些钱有多少，只要是靠诚实合法的途径，由你自己赚来的，就是值得尊敬的。铁匠和他的便士自然都是黑的，但颜色并不能判定一个人的本质。想得到财富，就要通过自己的能力去赚，而不是依靠别人的施舍。苏格兰有这样一条谚语："想要喝酒，就努力去赚，自己赚的酒总比别人施舍的好喝。"

　　储蓄很重要，在意外发生的时候，它可以帮助人们降低风险，在生病或年老的时候，它可以帮助人们更加舒适地生活。崇尚节俭可以让人充分享受到满足感、安全感和强大感，如果不重视节省的作用，就未免会受到生活的煎熬，感受到难言的痛苦和折磨。因为金钱上的匮乏始终像一个窃贼一样潜伏在他左右，随时随地向他发出袭击。

　　说到储蓄，它的好处是显而易见的。有一笔存款无论在什么时候都不是一件坏事。不管将来用这笔钱治病，或者是做一些别的什么事，都是很有意义的。不过，这其实并不只是一个人的事。任何和储蓄相关的事情，更像是一个家庭的事。如果所有的家庭成员没有共同向一个方向努力，这件事无论如何也不会成。一个女主人在这方面起的作用尤其大。如果一个妻子可以很好地引领丈夫，鼓励丈夫，支持丈夫，让丈夫向更好的方向发展，这个家庭一定会欣欣向荣。如果这个妻子本身还不懂得节省，那就更好不过了。

欧文先生就给我讲过这样一个故事。他来自比尔斯顿，是工人的好朋友。他在曼彻斯特遇到过一个棉布印染工。在结婚前，这工人嗜酒如命。结婚后，他和妻子约定好，每天他会少喝一品脱啤酒，把省下来的钱给她做零花钱。他确实是这么做的，但他并没有停止喝酒。每天下班后，他还是喜欢喝上两三夸脱酒，然后在酒馆里待到很晚。而他机智的妻子，却把那些零花钱存了起来，并且通过坚持不懈的努力，她竟然逐渐使自己的丈夫缩短了待在酒馆里的时间。

很快，一年过去了，他们迎来了结婚纪念日。丈夫想到家里的状况，有点内疚地对妻子说："玛丽，我很想在这个特殊的日子里给自己放一个假，去乡下拜访一下你妈妈，只可惜，我现在身无分文。"妻子听到丈夫这么说，高兴得简直要哭出来了。要知道，平时，丈夫除了工作就是喝酒，很少这么关切地对她说话。于是，她激动地问道："你真的想这么做吗？约翰，如果你真的想，我可以把这变成现实。"

"怎么可能？"丈夫觉得难以置信，"那相当于一个长途旅行，我们哪有那么多钱？"

"当然有。"她坚定地说,"难道你忘了,我有一品脱啤酒吗?"

在约翰疑惑的目光下,玛丽来到储藏室,拿出了她那"一品脱啤酒"。原来,在这么长的时间里,她已经攒下了三百六十五个价值三便士的硬币。

看着这么多钱,约翰又惊讶又羞愧。他呆呆地站在原地,不由得在心里赞叹妻子的简朴。因为这笔钱,他们顺利地去看望了玛丽的妈妈。也因为这笔钱,约翰开始下决心和妻子一起攒钱。在过了一段精打细算的日子后,他们攒下了一笔数目不小的钱,并用这笔钱开了商店,然后是工厂,后来还买了别墅和马车。最后,约翰还成了利物浦市长的候选人。

只要注重每一件小事,勤劳地工作,节俭地生活,说服自己抵制不必要的诱惑,无论他处在社会什么阶层,都会有一番作为。在这种人的引领下,整个社会都会向一个更好的方向发展。想要说服别人,最好不用语言而用行动。通过让自己生活得更好,并为他人做出良好的榜样,简直是人生最大的智慧,也是最值得赞扬的行为。

3.节约是家庭幸福的基础

是什么决定了一个人的道德和地位?并不是他们的收入水平。毕竟,就算两个人在同一个地方上班,拿着相同的工资,也有可能过着完全不同的生活。一个人可能住在整洁的房子里,衣着得体，并享有相当的自由，另一个人可能住在脏乱的房子里，穿得也乱七八糟。当然，因为他们对人对事的态度不同，他们也会受到来自人们不同程度的尊敬。并且，这种态度还会直接影响到他们的孩子。

他们为什么会拥有不同的生活状态？因为一个人勤劳、谨慎、节制，另一个人懒惰、大意、挥霍。前者会更关注自己的家庭，并总是尽量想办法让家人过得更好。后者则显得粗鲁愚钝，对家庭和家人漠不关心，只关注自己的欲望和享受，总是在酒馆和其他类似的娱乐场所里花光自己所有的钱。正是不同的态度导致他们拥有完全不同的生活，毕竟，在这两个人之中，一个总是向前看，懂得为未来而储蓄，一个却总是得过且过，一点都不考虑明天。如此，前者当然会生活得舒适、幸福，后者则会刚好相反。

一天晚上，两个工人下班后，一起回家。路上，其中一个问另一个："伙计，我一直都很疑惑，我们的工资都一样多，你到底是怎么把日子过得那么好的？你的孩子明明比我多，可是你们一家人不但吃得好、穿得好，还有余钱存进银行，而我们家为什么连肉都很难买得起？"

"这很简单，只要你精打细算，认真花每一个便士，日子也会越过越好的。"

"真的是这样吗？兰森？"

"当然。这听起来很简单，做起来却不容易。很多人都做不到。"

"既然如此,你又是怎么做到的?"

"让我来告诉你吧。首先,我从来不花钱喝酒。"

"怎么可能?难道你总有办法让别人请你喝酒?"

"当然不是,我从来不喝酒。与喝酒相比,我更习惯于喝水。酒这种东西特别容易上瘾,只要醉过一次,就一定会有第二次。有时候,很多人手里没钱,就算借钱也要去喝。这很有可能欠下债务,太不划算了。而且,经常喝酒很容易让人生病,比如患上头疼、手颤一类的毛病,一不小心,还会因此而一命呜呼;喝水却不会。所以,你看,喝酒这件事简直就是花钱买罪受,何必呢?有喝酒的那些钱,还不如省下来改善生活。而你是喝酒的吧?在喝酒方面,你要比我多花多少钱?就算每周只花半克朗,一年也是七英镑。有了这笔钱,足以给一家人买几件得体的衣服或者几双耐穿的鞋了。"

"你太夸张了。我虽然喝酒,但是肯定没花那么多钱。我只是偶尔喝半品脱酒,一周根本花不了半克朗。"

"如果你不信,现在就可以算算,上周你喝酒花了多少钱?认真一点,把所有的都算上。"

"其实没有多少。我只喝过两次,一次是和琼斯,一次是和戴维斯。和戴维斯的那次还是因为他马上要去澳大利亚了,我要为他送行。"

"你和他们喝了多少酒呢?"

"这怎么能算得出来?我们当时都醉了,记不清了。"

"这就对了。你根本不知道自己喝了多少,也不知道因此而花费了多少。这就是为什么你的手里总是留不下钱的原因。"

"好吧,好吧。可是,你能过上好日子,都是因为你不喝酒吗?"

"当然不是。不喝酒其实不是目的,目的是省下酒钱,把它们积攒起来,存到银行,以备不时之需。虽然一开始,这笔钱的数目很小,可是只要坚持下去,它一定会变得越来越多。这道理很简单,却是我全部的秘密。在努力工作上,我们其实差不多,所以我们主要的区别就是能不能攒钱。无论是什么人,有一笔积蓄总不会有什么错。至于像我们这样的工人,当我们有了这笔钱以后,就算不幸失去工作,也能维持家里的生活,不用去乞讨维生,或者干一些违法犯罪的勾当。"

毫无疑问,通过对话,兰森把自己的秘密毫无保留地告诉了自己的朋友。他的秘密确实很有效,这是事实。不过,他没有指出一个同样重要的原因,那就是他有一个贤惠的妻子。她能使他的家庭保持兴旺,并能让一家人舒适地生活下去。在这方面,一个好妻子起着至关重要的作用,如果一个家庭的女主人,尤其是工人家庭的女主人,她并不懂得节约,或者说,不愿意身兼数职,既当妻子,又当清洁工,同时又是护士和仆人,这样任劳任怨地为一家人操劳,这个家庭肯定好不到哪里去。如果她可以做到那些,情况就会好得多。

无论如何,节约的作用都是巨大的。就算一天只攒一个便士,长此以往,你的财富也会越来越多。如果在此之外,你还能合理地利用这些财富,让它们发挥出应该发挥的作用,日子又怎

么会过得糟糕呢？

4.妥善经营一便士

为了让英国工人们养成储蓄的习惯，人们已经组织了一些保险相关协会。当然，一开始，他们对工人的要求并不高，也许，一天只要存一个便士就行。尽管如此，根据这些协会得出的数据、收集的资料，再经过专业的保险统计师的认证，一便士的重要性也已经很明显地显现出来了。

如果一个孩子从出生开始，每天存一便士，在他长到14岁的时候，就能得到二十英镑的回报，或者，在他长到21岁的时候，可以得到四十五英镑的回报；如果一个15岁的人每天存一便士，当他老死之后，他的家人就可以得到一百英镑作为补偿；如果一个20岁的人每天存一便士，到了65岁，每年就可以得到二十六英镑作为养老金；如果一个24岁的人每天存一便士，到了60岁，就可以得到一百英镑，就算没有到60岁，他也可以随时提取五分之四的回报，如果他不幸死亡，也能得到一百英镑；如果一个26岁的人每天存一便士，如果他以后生病了，每个星期就可以得到十先令作为补偿；如果一个31岁的人每天存一便士，一直交到60岁，当他去世后，他的家人就可以得到五十英镑作为补偿。

这些都是来自各个保险协会的规定，这些规定并不难遵守。想要得到切实可行的回报，只需要每天存一便士。也许，这种回报看起来有点慢，但是只要耐心等待，你就能见证它所带来的巨大力量。而且，作为一个普通工人，能想着他的家庭，勇于承担家庭责任，本身就代表了一种高尚的品德。更何况，在此之外，他还明智地使用自己的金钱，找到了正确的投资方式，确保他的家庭无论面对什么意外都可以顺利维持，这就更能证明他具备超乎常人的智慧与能力。

在这方面，约瑟夫·巴克森戴尔为人们提供了很多帮助。他是个聪慧过人的商人，愿意向任何身处困境的人伸出援手，尤其是工人们。对这些辛勤劳动的人们，他始终怀有崇高的敬意。他有很多仆人，平时，他总是教导他们把眼光放长远，不要只顾现在。当这些仆人老到没法工作的时候，他也会按时付给他们一定数额的养老金。他还擅长用格言和警句来激励、引领人们。在仓库的墙上，他贴了很多纸片，上面用所有路人都能看清的大字写着像"永远不要沮丧""劳动创造一切""花光所有的钱就会成为乞丐""时间一去不再回""养成勤奋、耐心，节俭的好习惯"之类的话。当然，有些话会很长，这时候，他就不会把它们写在墙上，而是会把那些话印成小册子，放在办公室，餐厅或者更衣室里。这些话都很有道理和价值，也很适合指导人们、帮助人们。

其中，有一段话是劝人们珍惜时间的："做什么生意都要讲方法，但是这其中最基础的就是守时。如果遵守时间，就可以合理安排自己的工作，从容地处理自己的事务，创造良好的气氛，给合作伙伴带去强烈的安全感。或者说，就算不做生意，在平时的生活中，准时也有很多好处。例如，一个准时的人会更容易赢得他人的尊敬，因为他从来不会反复无常，更不会食言。准时能让你的名声变好，也会让你显得比其他人更有魅力。在家庭中，如果家长习惯准时，仆人和孩子也十有八九会那样做。当你约别人见面的时候，准时是必备的礼貌。毕竟，无论是谁，都无权浪费别人的时间。"

5.巴克森戴尔先生两三事

约瑟夫·巴克森戴尔先生到底是谁？他是兰开斯特人，他的父亲是一个物理学家。自小，这位令人尊敬的先生就接受了良好的教育，长大后，他先是接触了伦敦的棉纺织业，又做了他所在公司的法人代表。后来，由于棉纺织业竞争激烈，发展前景堪忧，他便想去其他行业发展。恰好他有个朋友，叫皮克福德，在运输业工作。因为资金短缺，皮克福德的事业进入了瓶颈期。巴克森戴尔慷慨地援助了皮克福德，并因此间接地接触到运输业的一些事。

在运输业里，想要做大做强，必须有大量资金、充足的精力和精湛的管理。在解决资金问题后，巴克森戴尔发现了公司其他方面的问题，并决定想办法解决这些问题。他认为，目前最大的问题是经营管理的问题。于是，他尽最大努力发展业务，努力和全英国的代理商取得联系，最大限度地利用现有的公路网，开创了公路快车和慢速货运，同时建了一个新码头，用来管理所有的货船。这些措施是非常有效的，经过这样的改进之后，经营问题得到解决，产品和原料也不再担心运销，在全英国甚至整个欧洲大陆，几乎没有人不知道皮克福德公司的名字。当然，在取得如此成功的条件下，他也自然而然地成了这家公司的老板。

在精力方面，巴克森戴尔也是过人的。作为一家公司的领导者，他处理事情的时候非常果断并且眼光长远，最重要的是，他具备超乎寻常的精力，这也就意味着，他能比普通员工更加辛苦地工作，也更加重视时间和效率。为了能看到员工们的真实表现，确保所有工作都被安排的有条有理，且能顺利进行，他时常亲自前往各个地方视察。有时候，他还会突然来到公司的运输车辆前面，突击检查员工的工作状况以及车辆的安全状况。为了争分夺秒地工作，他不惜付给驿站管理员最高的价钱，以便可以使用最好的马和马车。

他还十分熟悉路况，无论是大路还是小路，或者说，他积极进取地开拓着任何领域的生意，只要和运输业有关。不只是陆路，水路也一样，公路、运河、铁路，他什么都不放过，并且只要是他经手的生意，就会永远保持高效地运转。此外，他的眼光也十分独到。比如，尽管布里奇沃特公爵对铁路一点没有好感，但巴克森戴尔先生却并不这么认为。他认为铁路作为新兴事物，具备很大的潜力和不可磨灭的优势。因此，他不仅大力支持修建铁路，努力使所有铁路组成一个系统，还同时为利物浦和曼彻斯特公司解决了很多麻烦。而这种具备高度前瞻性的眼光也确实给他带来了高额的利润。

从伯明翰到伦敦的铁路，正是他从威灵顿手中拿过来的。他有足够的材料可以证明修建这条铁路的必要性，甚至在国会做出决定之前，就已经充分认识到这种必要性。这条铁路的修建不止方便了他的货运事业，也使他在东南运输公司的地位变得更加显赫，并让他最终成为公司的大股东，坐上了董事会主席的位子。后来，他和威廉·库比特一致决定，要把铁路一直修到多佛。可是，多佛港务委员会对铁路没什么好感，并且异常顽固。在这种几乎是僵局的情况下，巴克森戴尔先生当机立断，决定用自己的力量收购福克斯通港，作为公司的新港口。之后，他又把目光放到法国，用轮船和火车连接了伦敦和巴黎。可以说，铁路为巴克森戴尔带来了辉煌的成就，铁路修到哪里，他的货运事业就发展到哪里。很快，他在运输业里就变得赫赫有名，首屈一指。

可惜的是，就在事业蒸蒸日上的时候，长期的高强度工作使他的健康受到了严重的损害。为了身体的修复，他不得不暂时去国外修养一段时间。这时候，一个来自于利物浦的集团想推举另一个人做董事会主席。虽然这是一个"阴谋"，但他并没有计较太多。毕竟，他也已经到了该休息的年纪，也挣下了一大份家业，他的儿子也已经长大成人，可以替他照管生意。所以，他愉快地让出了位子，开始把全部精力用来帮助别人。那些想要成功的人，总是能从他那里得到有益的建议。因为除了在前面说过的那些贴在仓库墙上的名言，还有印发的一些小册子以外，他说过的有意义的话还有很多。

"最近，有个老员工发现了这一点：虽然他刚进公司的时候工资不高，但现在他已经拿到了令人艳羡的高工资。他是怎么做到这一点的？保持勤奋地工作，节俭地生活，量入为出。在只有一先令的时候，他从来不会花掉多于九便士的钱。这是很简单的小事，但是如果不注意这些，总是多花钱，就一定会损失一大笔钱。"

"存钱要趁早，一个年轻人，如果想获得成功，就要抓住任何机会存钱。如果他第一年存下二十英镑，以后每年多存十英镑，六年之后，他的全部财产就会超过一百英镑了。"

"如果一个人已经工作了三十年，却没有存下一点钱，无疑是没有任何前途的，如果他们可以制定一个行之有效的储蓄计划，他们会过得比现在好得多，也更容易赢得他人的尊敬。"

"勤奋和节俭是一切善行的基础。这并不难做到，任何能坚持下来的人都可以，哪怕他们并不比别人更聪明。只要勤奋地工作，节俭地生活，别人就会尊重你，如果与之相反，别人当然不会尊重你。"

"少因为琐事而抱怨，多去做些正事吧。抱怨只会让我们更加迷失自我，做事才是尽义务的最好方式。而且，做事的时候，一定要守时，不要拖延。"

"抓紧时间，珍惜时间，这样才能处理好工作。如果总是耽搁事情，粗心大意，总把自己的任务推到别人身上，要不了多久，就会招致别人的反感。"

"如果大家都试图帮别人掩饰过失，不仅会给老板带来损失，对当事人自己也没什么好处。"

"一个人要看重自己的地位，也要妥善地处理好自己的私人

关系。在这个过程中,诚实是最重要、最有价值的。而掩饰和说谎,无论是言语上说谎,还是在行动上说谎,都是羞耻之事,而且用行动说谎比用言语说谎更应该使人感到惭愧。如果一个人习惯于不准时,也相当于说谎。"

"如果一个人明知道老板的利益会受到损害,却不去阻止,是罪恶的行为。"

"对于大多数人来说,哪怕穷尽一生,也很难做成几件大事。那些看起来微不足道的小事却总没几个人喜欢做,这十分可惜。尽自己所能去完成自己的工作,并不遗余力地帮助别人,最能体现一个人的真诚、热情和善良。"

第十章　良好的品格总能带来财富

● 虽然因为勤劳而流出的汗水会变干、消失,但是它也会造就不可磨灭的影响。

——莎士比亚

● 勤劳可以带来收入,但如果只是勤奋工作,而不细心谨慎地对待自己的收入,就很难积累财富。

——科尔顿

1.美德推动社会进步

对老板来说,同情、鼓励员工在任何时候都是一笔明智的投资。因为它不需要多高的成本,却能带来相当高的回报。一个懂得关心员工的老板总是更容易赢得人们的爱戴。相应的，他的员工也会因此而更加努力地工作。

其实，说到节俭，很多工人都已经明白节俭的重要性，并且已经开始这样做了。作为老板，如果真的想帮助员工，与其只是提高他们的工资，从物质上援助他们，不如帮他们养成好习惯。只可惜，大部分老板并没有注意到这些。实际上，想做到这些，只需要注意一些小细节就可以了。比如，在发放工资时，稍微考虑一下时间和地点。不要在周末之前发工资，以避免人们在拿到工资之后，就去市场把它们挥霍一空。当然，也不要在酒馆里发工资，因为这样很有可能会导致人们欢天喜地、大吃大喝。这些行为不仅对员工没有好处，长远来看，对老板本身也没什么好处。

为了让工人们进一步养成节俭和储蓄的好习惯，更加热爱工作，同时为了自己的长远利益着想，老板们还可以设立一些银行，无论是储蓄银行还是便士银行都可以，鼓励人们——不管是老人小孩，还是青壮年男女往里面存钱，或者也可以开办一些崇尚节俭的俱乐部或者协会，鼓励他们加入进去。在处理金钱方面，人从来都不是自觉的动物。如果没有外界干预，自己又没有超凡的自制力，会很难做到合理消费。

同情，无论在哪个阶层，不管是相同的阶层还是不同的阶层，都是一种必需品。只有两个人互相理解、互相同情，才不会产生交流障碍和误会。或者说，更严重一点，产生难以黏合的裂缝和鸿沟。员工和老板们之间也不例外。塔尔弗尔德法官在临终的时候，曾经说过这样一段话："实际上，在如今的英国社会中，阶级和阶级之间的差异是巨大的。这种差异几乎使他们完全无法融合到一起。当然，这在很大程度上是因为他们对彼此缺乏同情心。"他说的这些话非常正确，只可惜在当时几乎没人重视。

要帮助别人摆脱困境，首先就要把他们当作和我们一样的人，而不是低等生物或者破烂阶级。他们也是人，有人的需求、人的情感、人的优点和人的缺点。他们确实需要物质的帮助，比如，在冬天到来时，我们应该向他们伸出援手，给他们钱、毯子和煤以及其他的生活用品。但是，我们必须认识到，物质的帮助并不能从根本上解决问题，而表面上的同情和所谓的嘘寒问暖也起不了多大作用。有些有钱人倒是很有同情心，但他们连一便士都不愿拿出手，只喜欢说些漂亮话。有些人倒是习惯于慷慨解囊，可是，他们只是享受施舍的过程，就像在喂一条即将饿死的狗。

人们的自私和互相利用产生于缺乏同情的环境下。在酒馆里，我们经常听到这样的言论："反正我自己会游泳，至于谁被淹死了，跟我一点关系都没有。"或者，就算旁边有人对他说："街对面着火了！"他也会漠不关心地回答："反正我这里没有烧起来，别的地方起火了，和我有什么关系。"这是一种劣等而邪恶的品质，只要内心还残存着一丝同情心的人，就不会说出这种无知而自私的话。说这种话的人，从根本上认为人性是邪恶的，并且无可救药。他们什么都不想做，只想躺在那里烂掉。当然，这并不是说，世界上充满了黑暗与险恶。人们总要随时做好最坏的打算，因为人性中确实有恶的一面，这是谁都无法否认的事，可是无论是谁，都不能因为这种邪恶，去否认光明和正义的存在，就像博林布鲁克勋爵所说的那样。

毋庸置疑，在金钱方面，工人和老板的利益存在着很大的对立性，在大部分时间，他们几乎是完全对立的。工人总希望干更少的活，得到更多的工资，老板们希望的刚好相反。于是，他们之间有冲突也就变得在所难免，同情和友爱基本上也就成了不存在的事。工人们的愿望没有被满足，常常会简单地选择罢工，这更加剧了两者之间的矛盾，引发了更加恶劣的冲突。普雷斯顿、纽卡斯尔、南威尔士、伦敦……大部分地方都发生过这种破坏性的罢工，双方各不相让，针锋相对，结果谁都没有捞到一点好处。最糟糕的事情还发生在罢工结束后，虽然矛盾暂时被压制下来，但是工人和老板更加互不信任，也更加仇恨对方。这种矛盾远非金钱能够解决。想要缓解这种矛盾，解除这种对立，只能依靠博爱精神和大家发自内心的善行。如果社会风气长期得不到净化，情况便会变得更加糟糕，也许这正是大部分灾难被引发的原因。

很多人认为，人们之所以缺失同情心是因为竞争太过激烈。因为无情自私的竞争，人们不得不陷入贫穷和悲惨的境地，一步步走向灾难和毁灭。

只要有竞争，就有高有低，有上有下。在竞争中，可以看出谁更成功，从而使人们的差距拉大。而为了获胜，人们有可能会采取各种各样的手段。有些是合法的，有些是非法的，有些是合乎道德的，有些是违背道德的，如果真的这样看，可以说，谁都无法否认，大部分罪恶确实就产生于竞争中，竞争也几乎是一切罪恶的根源。可是，在生活中，哪里能没有竞争呢？谁能彻底离开竞争呢？为了获得更高的工资，工人们能不竞争吗？为了获得更大的利润，老板们能不竞争吗？为了获取更响亮的名声，更大的权力，作家、传教士和政客不需要竞争吗？完全不可能。谁都需要竞争，因为只有竞争可以促进人们努力工作，为了自己的目标而奋斗；也会使人不断进步，社会不断发展。如果完全禁止竞争，全人类都会落入死气沉沉的境地，社会也会失去活力。这样，无论是谁，都不会再想追求进步，甚至没有人会去做好自己的分内工作，而世袭制度将永远存在下去。

2.养成良好品德的重要性

环境对人的影响是巨大的。一个好的环境可以在很大程度上促进人们养成良好的品质。新伊格雷工厂就是一个很好的例子。这个工厂坐落在一个僻静的小山谷里，和外界基本没什么联系。从一开始，老板们就设下这样一条规定——工厂附近严禁开设任何酒馆。这无疑是个明智之举，因为它使这里的人们生活得十分规律而自制。在这里，人们普遍厌恶放纵的酒鬼，崇敬能够勤俭生活的人。虽然他们每周五都能按时领到一周的工资，但并不会把钱都花在喝酒上，也很少浪费自己的财产。

金钱与人生

人们也不用担心住房问题，因为工厂为他们统一提供住房。只需每周缴纳三先令左右的房租，人们就可以住进拥有齐全的卧室、客厅、厨房的两层住宅。这种房屋不止具有舒适性，安全性也不错。它们的外面都有一道坚实的围墙。

除此之外，这里的社会也十分稳定。工人们轻易不会辞职，厂主基本也不会撵走工人。工人到了结婚的年纪，生了孩子，孩子长大后，很多也会做工人，或者为人们提供一些周边服务。当他们到了结婚的年纪，大多会选择本地人，有了孩子以后，大部分也会继续在这里定居，因此这里的居民稳定性非常强，经常一住就是几代人。由于大家互相熟悉，社会关系也很融洽，盗窃事件从来不会发生，更别提一些其他的恶性事件。人们的贫富差距不大，或者说，大家过得都还不错。人们储蓄成风，当攒了一定数量的钱后，就用来盖新房子或者投资，或者说，完全可以尝试自己开设新工厂，从工人变成工厂主，只要他们有过硬的技术，懂得如何经营管理并且愿意尝试，愿意吃苦。

工业，尤其是制造业，如果一个国家想要发展，就一定要重视它。虽然人们生存和繁衍的根本在于农业，但是，随着人口的增长，如果没有合适的办法培养这些人口，很多人就会去当乞丐，社会也会变得动荡，这不利于国家财富的积累。但是，工业却给人们提供了大量的就业机会，让人们可以通过劳动养活自己。而且，工业的发展对国家本身的重要性也显而易见。

正是民众的干劲、工厂的建立和老板们的公共精神共同造就了如今的英国。作为老板，赚钱当然是他们的基本需要，但是如果那些大资本家，像斯加特斯或者马歇尔这样的人，他们只是为了赚钱，那么他们绝对不会集聚那么多的财富，也不会赢得人们的尊敬。至少，他们不会像现在一样待在邮票版面上。财富的集聚需要一个强大的内核，只有在这个内核的支撑下，他们才会用自己的勤劳、勇气和智慧突破重重艰险，获得如今的成就。一夜暴富在任何行业都是不存在的。就像经济学家亚当·斯密说的那样："只有持久的勤俭和谨慎才能让人变得富有，想通过开办一家工厂就获得巨额财富，基本是不可能之事。"

李斯特先生的经历可以很好地说明这一点。他是刷毛机的发明者，通过研制刷毛机，他赚了很多钱，有了这些钱，他足以安享晚年。但是，他是个上进的发明家。他喜欢挑战自己，也愿意通过自己的努力让人们生活得更好。于是，他开始进入一种之前从未有人涉及过的领域，他想研制制丝机。他想通过这台机器把丝废料最大程度地利用起来，织成高质量的丝绒。他坚信，如果他成功地发明了这种机器，就会给制丝业带来巨大的利润。但是，制丝机的研制过程很困难，不仅十分费钱，也特别消耗精力。为了研制这种机器，他连续二十年都在早上五点半之前起床，并且花掉了几乎所有的积蓄——三十六万英镑。这不是个小数目，尤其在还没有看到回本的可能之前，就把这笔巨款花了出去，的确需要过人的胆识和勇气，诚实地说，这个机器真的要把他搞破产了。然而，他最终成功研制出了制丝机并申请了专利。可以说，制丝机的发明简直改变了整个丝织业的状况，也为李斯特先生本人带去了崇高的荣耀。

李斯特曾经为布拉德福德建造过一座公园。为了表示感谢，当地民众凑钱请人做了一个李斯特雕塑，树立在公园里。在雕塑落成的时候，赖特·鸿·W. E. 福斯特先生曾经这样说："今天，能有这么多人到这里来参加落成仪式，是李斯特先生的荣幸，也是每一个人的荣幸。正因为存在着众多像李斯特先生一样的劳动者，他们始终勤俭地生活，忘我地工作，绝对不怕困难艰险和任何毫无理由的指责与反对，英国才会实干成风，繁荣富强，并最终拥有国际影响力。为此，我们要向他们致以崇高的敬意。而在李斯特先生身上，我们也看到了超乎寻常的勇气和无所畏惧的奋斗精神，尤其在他面对艰难时，这种精神体现得更为明显。他曾经这样告诫自己：在还没有很好地找到解决问题的办法之前，我是不应该休息的，而如果我找到了正确的办法，又怎么能在办完事情之前去休息呢？这样一位伟大的人自然值得人们尊敬，也当得起人们为他树立雕像，因为他的事迹本身就是一座宏伟的丰碑。他不只是一个成功的商人，更是一个具备勇气和恒心的智者。面对困难，他从未屈服，他一直在用坚定不移的意志，不断地与命运抗争，并最终赢得了胜利。仅凭这一点，人们就应该永远地记住他，瞻仰他，无论是贫穷还是富有。"

4.慷慨造就美誉

很多伟人都过着节俭的生活，并且能够明智地储蓄资源，但这并不代表他们不会利用资源。在真正伟大的人身上，节俭和慷慨得到了最大程度上的统一。像孟德斯鸠评论亚历山大一样："他之所以能取得如此成就，掌握如此权力，归结起来，原因有三：第一，他才华过人；第二，他崇尚节俭；第三，他在做大事的时候体现得特别慷慨。虽然他自己过着简单的日子，但在公共事务上，他从不吝啬。"

拿破仑和查理曼也是一样。他们同样精力充沛，具备超凡的组织才能，最重要的是他们醉心于为公共事务贡献财富，自己却从不奢侈浪费、贪图享乐，这也正是他们的伟大之处。人们想要有所成就，应该这样做。

大部分人都会认为实业和战斗不是一回事，也不会把资本家和指挥官联系到一起，但是伟大的人总是具备相似的品质。一个成功的商人和一个成功的军人在品质方面基本没有区别。他们都同样勇敢，同样坚决，同样谨慎细心，同样有才华，同样善于观察、组织与管理，同样热爱自己的职业，关心、同情自己的下属。若非如此，一个指挥官就很难指挥好士兵作战，赢得战斗的胜利，一个商人也很难使他的员工安心工作、创造价值，最终获取利润。

在这一点上，提都斯·索尔特爵士就做得很好，作为一位机智的商人，他的行事作风就像一名元帅。他是约克郡人，他的父亲本来是个农民，后来做了羊毛梳理工，最后开了一家羊毛厂。年轻时，这位爵士本想献身农业，但是由于他时常帮助父亲打理生意，并逐渐意识到，在今后，制造业将会得到长足的发展。于是，他自立门户，在布拉德福德另开设了一家羊毛厂。当时，很少有人能意识到羊驼毛的价值。这种东西被人们从巴西运到利物浦，却在很长时间之内无人问津。提都斯·索尔特爵士率先发现了羊驼毛的价值，并试图把它们纺织成绒布。为此，他买下了几乎所有能找到的羊驼毛，开始大量生产羊驼绒制品，并因此积聚了大量财富。

二十年来，依靠经营羊驼绒生意，索尔特爵士获得了非凡的成功。本来，他打算只干到五十岁，然后就不再从事商业，转而从事他一直感兴趣的农业。不过，没过多久，他就改变了决定。他决心把生意做得更大，成为这方面的领军人物。为了实现这个愿望，他必须拥有一块合适的地方，在那里建设他的新工厂。他离开了布拉德福德，因为那里人口太多，拥挤不堪。他更喜欢埃里厄山谷，这里的景色很好，交通也很方便，附近不仅有通往布拉德福德的铁路，还有去往利物浦的运河，非常利于原料的运输和产品的销售。

在这座新工厂上，索尔特爵士花费了很多时间、精力和金钱，体现了崇高的责任感和超凡的智慧。很快，他就把自己的理想变成了现实。工厂建成后，占地大约六英亩，主楼长约550英尺，纺织车间占地约两英亩。为了建造这座工厂，索尔特爵士足足花了一百四十一万英镑，这足以体现他的奋斗精神和慷慨的天性。工厂的开业典礼在梳理车间举行，有三千五百多个客人到场。典礼过后，在宴会上，索尔特爵士这样对大家说："今天能有这么多人坐在这里，我感到很高兴，尤其是这么多工人都能到场，我很感动，也觉得荣幸。这里的景色很好，待遇也很好，我希望在这样的条件下，工人们能够满意地工作，幸福地生活。在建造工人宿舍的时候，我特意叮嘱设计师，要把每个房间都造得宽敞明亮，要注重舒适度，不要怕花钱，因为我希望工人们生活得尽可能地好，我想让这里成为整个国家的典范。在神的旨意下，所有的民众都可以健康快乐地生活。"

工厂投入生产后，一切都运行得非常顺利。由于选址正确，在实际生产的过程中节约了大量运输原料和产品的时间，极大地提高了工作效率和生产能力。但是，对于一切成果，索尔特爵士却非常谦逊，他不想让这件事引起大家的关注与好奇，只想默默地为社会做一些力所能及的事。

这座工厂不止包括厂房和工人宿舍，更包括教堂、学校、体育场、食堂、澡堂、诊所以及相关配套设施。孩子们可以在这里上学，年轻人可以在这里打板球、打保龄球，老年人可以在这里看病。

索尔特爵士确实很注重改善工人们的物质条件。这种想法重点体现在工人宿舍上。宿舍共有756个房屋，不完全免费，而是根据房屋等级的不同，向工人收取不同数额的租金，不过租金通常都很低，也就是每周几先令。工人们很容易支付得起，因为每个工人每周最少都能赚三十先令，如果大人和孩子都在厂里工作，一周的收入可以达到四英镑。如果是技术熟练的老工人，一年可以轻松赚到二百二十英镑以上。在同等的价格中，很少能享受到如此高的待遇——房屋不只是简单的一个房间，而是拥有独立的客厅、书房、厨房和储藏室，也就是说，这不只是一个容身的地方,更像是一个温馨的家。几乎没有工人不喜欢这么舒适的环境,他们住进去后,总是挖空心思地布置自己的家,尽量过着有品位的生活,崇尚知识,远离恶习,因此他们的幸福感普遍很高。据这里的医生林德先生说,人们之所以能保持积极向上的心态,和居住环境的舒适度有很大关系,如果一个人住着肮脏不堪的屋子,自然不会有什么自尊,也不会追求生命的价值,渴望实现自身的意义。

除此之外,索尔特爵士也关注人们的精神世界,尤其重视对工人的教育。除了日校,他还开设了夜校和各种兴趣班、研讨班,不定时举办各种讲座。人们既可以参加钓鱼俱乐部、划船俱乐部、板球俱乐部,也可以学习自然史,亲自制作标本,聆听各种类型的演讲。不过,最受欢迎的还是音乐班。乐队、合唱团、演唱会、音乐会……人们普遍热爱音乐,喜爱乐器,无论是成年人还是孩子,都热衷于组建乐队。厂里也非常支持这种做法,还专门为乐队请了专业的老师。在熟练工人们中间,发明创造很流行。他们喜欢一起制作各种有趣的小东西,其中包括风琴等乐器,也包括机器模型和家庭实用小工具。

这里没有酗酒,也少有疾病,贫穷很少出现,因为优良的环境使工人们逐渐养成了优良的习惯。他们不会把手里的钱花光,而会适当地储蓄和投资。他们不会觉得生活无聊,每天都过得很充实。这在很大程度上都是索尔特爵士的功劳,如果没有他,这里的人们远不可能生活得如此幸福。因此,在这里,他受到人们的尊敬,也就是一件很正常的事了。

5.高尚来源于良知和责任感

如果他们真的愿意，大部分雇主确实可以通过各种手段，例如提高工资，建立储蓄银行或者便士银行，建造方便舒适的工人宿舍和专为工人子弟开设的学校，开办工人互助社，来更加和善地对待工人，帮助他们节省收入、提高品位、改善社会地位。不过，在这方面，很少有人能和上文提到的提都斯·索尔特爵士相提并论。

其实，埃德文·阿克洛德先生做得也不错。他之前只是一家公司的经理，却一直在尽心尽力地帮助工人。在约克郡，几乎没人没听说过他。在他的号召、组织和鼓励下，好几千名工人住进了位于科浦雷和哈雷山地区的漂亮房子，且生活得更加节俭。对于如何合理使用那些省下来的钱，他也为工人们提供了实际的帮助——他开了一家和建造房屋有关的俱乐部，使工人可以更加自由地选择住处。为了能让工人以成本价获得食品和衣物，他还建了一家合作社。

他也十分重视提高人们的素质。比如说，他创办了一所学校，由他负担全部的教师工资。他还出资修了一所教堂，由吉尔伯特·斯科特爵士担任设计师。他还创建了包括园艺社和合唱团的众多科学文化团体、藏书丰富的图书馆、设施齐全的体育场……他确实是个明智而负责的人，也是个不折不扣的为公众着想的慈善家。凡是能想到的东西，他都尽心尽力地为工人们准备了。他提倡人们打保龄球、打板球，提升身体素质，也希望人们可以学习到更多的知识，变得更加勤俭，从而提升精神素质。同时，他还注意完善奖励机制。在他的主持下，每个工人都会分得一块小花园，他只向他们收取很少的租金。在花园里，他们想种什么都行，花卉也好，树木也好，蔬菜也好。每年年终的时候，将花园打理得最好的工人将会得到一笔钱作为奖励，这笔钱就来源于大家交的租金。这些措施很有效，众多的工人都因此而受益。

为了进一步培养工人的节俭习惯，1859年5月1日，他还在约克郡开了一家便士银行。关于这个，他是有一些经验的。毕竟他在1852年的时候就已经拥有一家规模更大的储蓄银行，并且经营得很成功。也正是在这个过程中，他敏锐地发现了便士银行的优点，并在1856年开始尝试实现他的想法。议会对此没有异议，很多有名望的绅士也支持他。工人们对此更是非常欢迎。时至今日，这家银行依然还在营业。

关于开创这家银行的原因，阿克洛德先生是这样说的。

"人们总是不自觉地想一些东西，有时候这些东西毫无意义，有时候它们却能启迪人们，触发灵感。就我个人而言，我很愿意和大家分享我的想法，而不仅是阐述生硬的计划。所以，关于便士银行的开创，我的想法是这样的。很久以前，我就期望能为工人们做一点事。他说："在伦敦，人们不想对邻居负责，也不想毫无回报地对人伸出援手，所以如果选择这里作为试点，短时间内很难达到预期效果，因为人们互不相识，人情淡薄。所以，我思考之后，挑选了人们对彼此更加熟悉的约克郡作为试点，开设了便士银行，以帮助穷人自救为原则。"

这家便士银行无疑取得了巨大的成功。营业仅7个月，它就发展出了24家分支机构，吸引了大量储户和存款。一直到1874年，它的分支机构已经高达250家，总投资额也达到了四十万英镑。

6.节俭，让生活更美好

约克郡的便士银行虽然和邮政储蓄银行一样都是银行，都可以方便人们存款，有利于人们养成储蓄的习惯，但是从专业角度来说，它们之间的关系并不大。便士银行存在的最大意义，其实就是为那些很难攒成钱的年轻人提供机会，使他们更容易攒钱，并且习惯于储蓄。实际上，这也可以在最大程度上影响他们的父辈，让这些年龄更大的人把目光放得更长远，学会约束自己的行为，生活得更加节俭。在便士银行的发展史上，这是十分可喜的事，同样，这种现象也得到了很多绅士的认可。毕竟，想推广社会福利，与其靠那些说教机构，不如靠便士银行。因为它比说教机构更能使工人们养成存钱的习惯，从而在遇到困难的时候具备自己拯救自己的能力。

这是有目共睹的事实。为了说明这一点，阿克洛德先生举了两个会计的言论。其中一个会计这样说："只要有机会，年轻人非常愿意把钱存到银行里，并且非常认同这种理财方式。他们有了钱之后，不会再大吃大喝，或者随便花掉，而会想办法把它们存起来，用来买股票，或者开农场。不仅如此，更小的孩子也受了影响，开始模仿起来。"

另一个会计则说道："如果一个父亲酗酒无度，胡乱花钱，却知道自己的孩子已经拥有银行账户，并且每周都可以往里面存半个银币，一定会觉得很羞愧。他接下来最可能做的，一定也是像他的孩子一样，逐渐开始存钱，不再把钱浪费在酩酊大醉上。在很多人看来，也许存钱这件事本身并不大，但是对于这个父亲来说，从这件事开始，他足以逐渐改变自己的习惯，养成良好的行为与品格。我还见过这样一件事——有个矿工以前为了喝酒花了不少钱，可是，有一天，他的两个儿子想买新衣服，就提出了每周想存一个先令的要求。这使矿工大为惊讶，因为在这之前，他从来都没有储蓄的习惯。最终，让人非常高兴的是，他同意了儿子们的请求。"

吸引孩子们去银行储蓄，在很大程度上也会影响到他们的父母，最终发展成全家人一起去银行存钱。这种现象同样出现在另外一家银行。这家银行的会计讲过这样几件事："有一年，为了参加学校举办的受难节晚会，有个穷孩子专门来银行取钱，并用这笔钱买了一套新衣服。要知道，他之前从来没有穿过这么好的衣服。当天晚上，他还这样问参加晚会的大人们——你们的孩子是否已经从银行获益？如果答案是肯定的，请举手。话音未落，很多人都举起了手，有位母亲更是为自己的两个孩子举起了双手。我还见过这样一位矿工，他之前从来不知道存钱，一有了钱就去喝酒，但是，忽然有一天，他醒悟过来，开始走上存钱之路，并且坚持了很长时间。最终，依靠自己的存款和向建筑协会贷款，他用四百英镑为全家建造了一座二层别墅。其实，银行对于大部分人的意义，就像蜂巢对于蜜蜂的意义一样。蜜蜂会把多余的蜂蜜储存到蜂巢里，人们也会把省下来的钱存到银行里，这样，当我们遭遇不幸的时候，就可以利用那些钱渡过难关。"

有位教士也说："我见过这样一对夫妇，他们都嗜酒如命，为了喝酒，他们已经当光了所有的财产。基于帮助他们的想法，我建议他们去银行存钱，两年后，效果相当显著。他们不仅赎回了所有的东西，还拥有了一小笔财产。不得不说，正是储蓄改变了他们的命运，让他们过上了前所未有的好日子。"

这样的例子数不胜数。有一天晚上，银行接待了一位臭名昭著的酒鬼。但这酒鬼并没有喝酒，看起来很清醒。他来到柜台前，拿出一个先令，说："这本来是我打算用来喝酒的，但是就在刚才，我已经向大家发过誓了。从今以后，我再也不会随便把钱花在喝酒上了。"值得庆幸的是，他是这么说的，也是这么做的。从此，他真的改掉了酗酒的坏习惯，转而成了那家银行的常客。

这是很普遍的事情。每时每刻，这种事都会发生在各个银行里。曾经有这样一个人，他活得没有目标和方向，只是过一天算一天地混日子，一点都不为未来打算，不过他很幸运，因为他有个好妻子。在她的耐心说服下，他开始每周去银行存钱。虽然数目不大，但是随着账户数额逐渐增加，他终于找到了人生的意义。当他的存款达到一定数额的时候，他拿出一部分钱购买股票，赚取红利，没过多久，又盖了两栋房子。一栋自己家住，一栋用于出租。随着对经济领域的深入了解，他越来越熟悉商业，最终开了个小店，雇了两三个工人和一个学徒，自己当了老板。尽管如此，他并没有挥霍财产，而是依然过着简朴的生活，并且乐于帮助别人。因此，一直到现在，朋友和邻居都很尊敬他。

斯密斯先生的故事也可以说明这一点。他曾经在约克郡的便士银行工作过，是那里的第一批经理。但是，那个时候他年轻气盛，不屑于做这种每天和小孩打交道的工作。所以，他没做多长时间就走了。临走时，一位会计这样劝他："我知道你的心情，但是我们确实不得不面对小孩。"过了一段时间，两个人再次相遇。这时候，那位会计正处于低谷期，对工作越来越不满，觉得没有任何价值，每天只是为一些小孩或者穷人存很少的钱，但是在交谈中，斯密斯先生却对他这样说："我觉得你还是应该在那里干下去，千万不要觉得自己的工作没有意义。要知道，你们确实为社会做了很多事。就我目前的了解，在我的家乡，几乎没有人不会去便士银行存钱。"正是这番话重新唤起了这位会计的工作热情，并且他曾经这样对别人说："就算是阿克洛德先生本人对这项事业丧失了信心，我也会把这些话告诉他，并劝他一直坚持下去。"

第十一章　最好不要借债度日

•千万不要被债务牵绊，不到万不得已，一定要依靠自己。如果一年花20英镑都不够，再给他20英镑也是枉然。因为他就是无限度追求享乐的人，多少钱都改变不了他的贪婪。

——乔治·赫伯特

•在生活中，无论遇到什么，永远避不开的都是对和错。想要受人尊敬，这本身没有任何问题，但是，如果为了追求体面，不惜向别人借钱，就真的很让人伤心了。

——杰洛尔德

•如果只是心急如焚，而不付诸行动，就算过去一百年，也肯定还不了一分钱。

——法兰西人谚语

1.对奢侈的狂热追求

在过去的时光里，本来只有富人才热衷于奢侈，但是现在中产阶级和无产阶级也染上了这种恶习。奢侈像病毒一样快速地传播和流行，人们比以往的任何时候都更希望变得富裕。但是，谁都知道，想要在短时间内聚集大量的财富，只靠勤奋劳动是远远不够的。所以，很多人都不再介意通过投机、赌博或者欺骗等任何不择手段的行为来使自己变得一夜暴富。也就是说，只要能获得更多的钱，他们不惜采用任何卑劣的手段。

这种情况在城市里表现得尤其普遍。无论是在大街上，还是在公园里，甚至在教堂中，奢侈之风都是如此流行，无时无刻不体现在社会的各个方面。人们尽可能地穿着贵重的衣服，做着挥霍浪费之事，盲目高消费，一点都不考虑自己是否负担得起。在破产清单和法庭案例中，我们可以看到，很多生意之所以失败，企业之所以破产，家族之所以衰落，正是因为这种不良的风气过于流行。因为无休止地追求奢侈，很多商人都不再老老实实地做生意，总是想着要以欺骗的行为赚取更多的金钱。

洛德帕斯和罗伯森的生活是众所周知的奢华，曾经，人们一度对他们的生活充满惊讶，但是现在比他们生活奢侈的人比比皆是。人们总希望别人把自己当成有钱人，进而信任自己，为此纷纷装作很富裕的样子，凡事都要享受最好的。房子要住最好的，食物要吃最好的，衣服要穿最好的，马车要坐最好的，酒也要喝最好的。实际上，他们根本没有维持这种生活的能力，为了达到这种状态，不得不靠超前消费或者诈骗。

当然，并不是所有追求奢侈的人都是靠欺诈维生，有些人是靠自己挣钱，并且也挣了不少钱，但是这些钱也根本不够他们花，因为他们坚持认为，一个人想要受人尊敬，就要在衣着、住房、生活方式方面与那些真正受人尊敬的人看齐，只要达到了这个目标，像那些人一样生活，就好像真的拥有了身份和地位。为此，他们不知不觉地陷入盲目攀比的泥潭，以那些人为模版，方方面面向那些人靠拢，甚至不惜扭曲自我，牺牲自尊，根据那些人的一举一动来打造自己的形象。可是，实际上，他们的实力很有限，在这种错误并且有害的观念的指导下，他们不仅做尽了伪善和虚假之事，更是经常陷入困境。所以，归根结底，他们的处境和那些以欺诈维生的人也差不了多少。

因为爱慕虚荣，他们竭力掩饰自己的寒酸，不惜用一切办法来使他们看起来不那么贫穷。钱一到他们手里，就会被马上花掉，就算不到他们手里，也会被预先花出去。他们还习惯于欠债，杂货店老板、面包师、裁缝、肉店老板都是他们的债主。最令人唏嘘的是，他们使出浑身解数，甚至不惜借债来招待那些所谓的朋友，可是当他们囊中羞涩或者遇到危机之时，朋友们却跑得一个比一个快，绝对不会伸出援手，成为他们无助时的依靠。

其实，想要避免因此而陷入贫穷其实是件很简单的事，只要在面对奢华时，鼓足勇气对它说："那不是我能负担得起的。"一定要记住，那些酒肉朋友只能和你一同享乐，不能和你共度患

难。他们都是势利小人，不是真正的朋友。而且，如果真的想提高社会地位，赢得尊敬，获得成功，企图通过交际来联络感情是完全行不通的，无论是在生活中还是在商业活动中，只有表现出良好的品格才更有可能有所成就。尤其需要注意的是，不要高兴得太早，如果事情还没有确定就急于庆祝，很可能因此陷入债务，让人变得贪婪。

可以说，在当代社会中，最大的恶习就是过于注重脸面。尤其在中上层阶级那里，人们的虚荣心已经达到了相当泛滥的地步，就算已经困难到难以维持基本生活，他们依然会尽量保持自己的派头，让自己看起来比实际情况体面许多。

想要被人尊敬本身并没有任何问题。如果一个人不想受人尊敬，才有问题。但是，在追求受人尊敬的过程中，人们很可能找错方法。无论想通过什么途径达到这个目的，最基本的原则都是要采取合适的行为，保持良好的品格，而不只是衣着光鲜，自欺欺人。尽管在现代社会中，真假已经越来越难分辨，以至于一个品性卑劣的人也可能会蒙蔽大家的眼睛，得到本不该属于他的尊敬。

这种情况之所以会发生，完全是因为人们对等级和金钱的盲目追求和崇拜，并且真的只靠这些形式来判断一个人的性质。这种标准不止存在于中上层阶级里，在下层阶级中也同样体现得很明显。比如，在一个位于伯明翰的工人俱乐部里，那些穿着燕尾服的人就看不起那些穿着普通衣服的人。再比如，小商人看不起修理工，修理工看不起力工。哪怕同样都是仆人，在贵族家里工作的也会认为自己高于在酿酒商家里工作的。这简直是社会的悲剧，正是这种错误的观念造成了这样一种现象——为了谋取更高的地位，获得更多的财富，越来越多的人变得虚伪、恶毒，不择手段。

事实上，只要一个人问心无愧，出身于哪个阶级并不重要。但在中产阶级的圈子里，他们很少这么认为。他们习惯于歧视社会地位低于自己的人，这种观念根深蒂固。他们几乎从不与更低阶级的人们交往，因为在他们的观念里，那是一种可耻的堕落。而且，就算两个人同为中产阶级，也免不了相互鄙视、挖苦。

2.奢华根植于等级观念

正是等级之间的巨大鸿沟导致了整个社会的分裂。由于低等级的人普遍被人鄙视，人们都不希望位列其中，为了获取别人的承认和尊敬，他们不惜一切代价，使尽浑身解数，企图进入更高的等级，而那些更高等级的人根本不希望和别人分享自己的利益，因此对这些人极力排斥。

那些努力向上爬的人，无一不疯狂地追求财富，以为自己有了财富就可以过上更好的生活，变成真正的高等阶级，却丝毫没有意识到，他们模仿的只是表面的空壳，因此在实现目标后，他们只会洋洋得意地夸耀自己，却不知道应该如何面对现实，让一切更好地运转下去，因为他们的心灵从来都不饱满，头脑也从来都不睿智。在接下来的生活中，他们只会无限期地体验到愚蠢、无聊和疯狂。

为了让生活变得有意思一点，人们总是举办大型聚会，把混乱不堪的场面当作热闹，把无所顾忌的放纵当成自由。这种风尚着实可笑，也切实地导致了现代文明的愈加腐化。宽敞的住房和安逸的生活并没有给人带来一点好处，反而让人们的道德标准更加模糊，促使了无数堕落和灾难的发生。对于这一点，卢梭曾经说过这样一句讽刺的话："我宁愿去住一间小房子，也不想去住一栋一年都住不完的大房子。"

如果说只是为了维持表面的形象，那也只不过是虚荣，谈不上不道德。真正的不道德，是为了过上奢侈的生活，为了保住社会地位，不惜利用一切手段，甘愿冒一切风险。他们认为只有那样生活，才能体现自己的身份和地位，如果不浪费那么多钱，就无法证明自己的地位。如果一个人习惯了坐四轮马车、喝香槟，就无法再忍受坐二轮马车、喝啤酒。换而言之，如果一个人习惯了坐二轮马车、喝啤酒，也就会觉得那些靠步行或者坐公共马车的人比自己低一等。为了始终得到尊敬和赞许，不堕落到更差的阶级里，他们宁愿虚伪地出卖自己的良心。

崇拜者们只能看到，那些所谓的令人尊敬的人是有多么威风，多么奢侈，多么挥金如土，却很少知道，为了维持这种生活和名声，这些人到底付出了什么。甚至，当这虚假的一切像肥皂泡一样破灭之后，他们即将面对的，是多么可怕的破产和毁灭。事实上，将近一半的商业欺骗都是建立在"要面子"的基础上。为了得到他人的认可，人们绞尽脑汁地粉饰自己，为自己戴上一张又一张虚假的面孔，不惜扭曲自己、放弃自我。他们冠冕堂皇地挂在嘴边的正义、品行和真理其实都是假的，他们最擅长的就是做一切和欺诈、虚伪、巧取豪夺相关的事。这种现象很普遍，但是很少有人能够看清楚。

为了这种变态的虚荣，人们做出的牺牲是巨大的。很多人宁愿放弃生命，也不愿放弃那所谓的被人尊敬，告别已经习惯的奢侈的生活。在这个世界上，没有人会真的穷到活不下去，很多人之所以自杀，完全是因为膨胀的虚荣心。

深受等级观念之害的不只是男人，女人也一样。在这种卑劣又可悲的思想的指导下，她们成了极其普遍的牺牲品。她们比男人更习惯于凭借外表而不是品行去评价一个人。因此她们也不是很在意提高自己的精神，发展自己的智力，而把所有精力都用来一门心思地去讨别人欢心。只要有人羡慕她们，她们就会觉得很开心。当然，这种情况之所以出现，也不能全怪她们，更大的问题出在她们所受的那种崇尚特权、时尚和地位的教育上。正是这种教育使她们习惯于枯燥的说教，言行充满功利，随时紧跟时尚，使尽浑身解数地想爬到社会的更高层。她们的天性被扭曲，精神被囚禁，她们生怕自己表现得粗鲁、失礼，却一点都不在乎罪恶和不道德。她们心里的平等和博爱，友善和同情，早被这些错误的思想掩埋了，而那些美好的品德正是人类幸福的源泉。

所以说，正是所有的男人和女人一起导致了这个奢侈之风盛行的时代。堕落存在于每时每刻、每个角落。对女人来说，穿得越奢华，打扮得越妖艳，也就越能受人尊敬。沃兹沃斯曾经追求的那种"天生高雅的完美女人",早就已经不存在了。她们一脸不屑地摒弃了朴素的美丽,不惜穿着臃肿烦琐的服装,马不停蹄地周旋在各种聚会之间。她们不喜欢真头发、真皮肤、真眉毛,而宁愿去戴假发,用颜料改变自己的肤色,为自己画上假眉毛。可以说,她们身上的大部分东西都是假的。她们自以为在虚假之上,她们可以变得更美丽,但这却是在侮辱造物主的作品。

在这个肤浅而不公的社会里,到处充满偏见。最大的偏见就是——外表和品行被认为是同样的东西。正因此,人们才会争相把自己装扮成上等人,因为很多人都以为看起来像上等人的人就会有上等人的美德,相反,看起来像下等人的人就一定背负了不可饶恕的罪恶。人们不仅这样看待男人,也这样看待女人。甚至对女人还会更苛刻一些。比如,如果一个女孩本来出身很好,后来因为家道中落,丢掉了自己的社会地位,不得不落到更低的阶层里。这时候,就算她没有抱怨,并且通过勤劳和聪明很好地养活了自己,也无法获得原有阶层的赞许。恰恰相反,那些高高在上的人会认为她这样做是有失身份的事。身为高等阶级,竟然会弯下腰去和低等阶级一起劳动,实在是丢脸至极。甚至有些人会极端地认为,她就算饿死,也不应该任凭自己堕落到下一个阶级中去。也正是因为这种思想的风行,那些原本生活得很好的高等阶级才宁愿贫困下去,也不愿意想一些别的办法改善自己的生活,因为他们担心受到周围人的蔑视和指责。

3.奢侈的代价

奢侈不止对上层阶级有害，对工薪阶层同样有害。如果工薪阶层也一味追求所谓的受人尊敬，以至于一定要住在城郊的别墅里，定期开"家庭舞会"，去剧院看戏，那么，十有八九，他们会很快花掉自己的工资，甚至还会欠债，不得不长期过着钱总是不够用的日子。他们把所有的钱都花在如何使自己活得更有面子上，不会去想着把辛苦赚来的钱存起来，更没有多余的钱为自己或者家人买人寿保险，这是很危险的。一旦作为全家经济支柱的男主人遭遇不幸，整个家庭因为失去经济来源，又没有存款和保险，生活水平就会一落千丈，大不如前。很有可能连为他举办葬礼的钱都筹不齐。

如果这个家庭的女主人也同样喜欢奢侈，尤其习惯于买各种自己根本负担不起的漂亮衣服，并为此不惜赊账的话，情况就会变得更加糟糕。表面看来，似乎是她们占了布料商的便宜，提前穿到了喜欢的衣服，但是这些钱早晚要还，并且要由她们的丈夫还。而很少有人会觉得，一个女人为了穿衣服而这么花钱是天经地义的。当然，在她们赊账的时候，丈夫并不知道，但是丈夫总会知道。他们一旦知道，很可能对妻子横加反对，这对夫妇的生活也会因为争吵的增多而变得矛盾重重。

纵容自己的欲望会为自己惹来一大堆债务，纵容家人的欲望会为整个家庭惹来一大堆麻烦。背负债务的人不会活得非常自由或者安心。你时刻担心有人上门讨债,以至于哪怕听到几声门铃,也会变得惊恐、无助和卑微。就算债主没有亲自前来,只是给你写了封催债信,你看到信时,也会十分不安,绞尽脑汁地为自己的不还钱找各种各样的借口。到了最后,无计可施,你会完全背离诚实的原则,开始不停地说谎。正像那句话所说:"债务的背上骑着谎言。"

崇尚奢侈,并因此而欠债是一件多么愚蠢的事。为了显示自己的地位和能力,我们肆无忌惮地购买奢侈品,哪怕是借钱也在所不惜。在东西到手之后,又不得不用很长的时间去偿还欠款,没有事情比这再荒唐了。这简直是店主设下的陷阱,他促使我们不断向别人借贷、求助,完全失去了依靠自己过正常生活的能力,这可真是全人类的耻辱。在古代,罗马人认为,对他们来说,最大的敌人就是他们的仆人。因为一旦长期依靠仆人,他们就再也没法自立。从这个角度说,店主也是那些追求奢侈的人的最大敌人。因为正是他们诱惑人们赊账,让那些可怜的人们无限放纵自己的欲望,不停地借债,一步一步离自立越来越远,最终使整个家庭陷入困境,甚至破产。

关于这个问题,纽曼教授提出了这样的建议:"我认为,法律应该对那些宣布可以赊账的店铺进行严格的监管,最好对还款时间设定期限,超过这个期限的赊账都是非法的。这对店主和赊账人双方都有好处。因为在这个条件下,店主不会轻易赊账,除非确定对方有足够的还款能力,赊账人也不会迟迟赖账,导致店主不得不抬高价格,从其他顾客那里找回损失。事实上,如果没有赊账这件事，店主完全没必要对用现金买东西的顾客漫天要价。如果这种情况再不被制止，更多人的生活将会被毁得一塌糊涂，这种赊账体系肯定也维持不下去。"

很少有人能够完全抵制诱惑。在欲望面前，很多人都无法抗拒。而且，不只是真的做出了借债的行为，才算是被诱惑，哪怕只是犹豫一下，最终没有做出来，在心理上也已经沦陷了。比如，有很多员工都时刻盯着老板的钱财，露出贪婪的神情，不用怀疑，一旦有机会，他们一定会想办法把那些钱据为己有。哪怕他们只是那么想想，也会形成某些习惯。在这些习惯的驱使下，他们说不定真的会做出什么事情来。

正像在前面描述的一样，欠债会让人变得会说谎，无论是因为打赌、玩牌还是赊账，都很容易让人背弃道德。就算这个人本来拥有很高的教育水平或者受过极其专业的培训，本本分分靠自己的双手赚钱，一旦陷入奢侈的泥潭，还是避免不了迅速堕落的厄运。还有一些人仅仅是为了维持体面的外表就不惜借债，逐渐变得道德败坏。

很多正派的年轻人都经历过这样的事情。对此，我们特意做了调查。曾经有个人经常出入娱乐场所，欠了不少钱，为了还债，他竟然冒用别人的名字，想要得到一笔根本就不属于他的钱。还有一个青年，他举止有礼，理性冷静，朋友众多，还有一位年轻的妻子，但是因为热衷于喝酒和打牌，最终他不幸被投入监狱，刑期七年。

还有一个政要的儿子，为了还债，他出卖了一些国家机密，之后一直潜逃。警方从来没有停止过对他的追踪，从澳大利亚、都柏林到英格兰本土，最终在一个很小的公司里，他被成功逮捕，送回伦敦，监禁一年。

诱惑是如此罪恶而甜美，以至于那些已经身居高位的人也无法抵抗。这是一个非常令人惋惜的故事。一位瑞典皇家铁路公司的经理因为想要维持奢侈的生活而背负巨额债务，为了筹钱还债，他利用自己工作上的便利，把从伦敦开往巴黎的火车上的保险箱钥匙复制了一把，卖给了一个大盗。这样的事，之后他还做过很多次。很长一段时间内，他和大盗都保持着这种合作关系，一直到大盗落网，人们才知道事情的原委。最终，这位背弃了道德的经理也作为大盗的同伙，不得不面对被流放的命运。

对于这些犯罪的年轻人，纽盖特监狱的约翰·戴维斯有这样特别的看法："我见过这样一个年轻人。他的父亲是一位尽职的海军军官，只是年纪轻轻就去世了。这年轻人长大后，凭借自己的勤奋和聪明进入政府部门工作，并用得来的工资尽力帮助母亲和两个未成年的妹妹。在他母亲本身也有养老金的情况下，一家四口本来可以过得很好，但是这年轻人却越来越追求奢华的生活，一刻不停地和同事攀比，尤其在服饰方面。实际上，对于一个年轻的男人来说，穿什么真的没那么重要，重要的是他到底做了什么。可这年轻人并不这么认为，他觉得自己破损的外衣露出线头是件很不体面的事。他觉得他也应该像同事们一样穿着崭新的笔挺的衣服。于是，他花大价钱向最有名的裁缝定制了一套西装。确实，这套衣服相当体面，也为他带来了短暂的快乐，可是，他根本没有能力还上这笔钱，因此，他日夜不停地被债主追债。最后，被逼无奈，他偷了一张价值十英镑的支票，还清了这笔钱。可是，很快失主就报了警。这个年轻人也被逮捕、流放。他之所以会有如此的下场，都是因为丢失了自我、纯良和真诚，而愚蠢地认为，衣服竟然比这些美好的品质要重要。如果他从来没有这样认为，这个悲剧就绝不会发生。但是，非常遗憾，在世界的各个角落，还是有很多年轻人在步他后尘。"

4.如何躲开债务

在离开印度之前，查尔斯·纳皮尔爵士曾下达过这样的命令，强烈责令所有军人坚持简朴生活，杜绝浪费，恪守职责。他尤其看不惯军官们欠账不还的行为。他亲眼看着他们冲到酒馆里，喝着香槟、啤酒却故意不给钱，他也亲眼看着他们去骑马找乐子，最后也只是打着绝对不会兑现的欠条而已。他们就这样肆无忌惮地展示着自己的堕落、无耻，满口谎言，道德低下。事实上，很多聪明勤奋的商人也因此而频繁赔钱甚至破产。这严重损害了军队的形象，让历任司令官都觉得很难整治。对于这种日渐流行的罪恶，爵士表示了严厉的谴责。

在英国本土，这种事情也从不少见，尤其在牛津大学和剑桥大学的年轻学生中间，奢侈简直是十分自然的事。学校本来是传授知识，教人做人的地方，如今却被搞得乱七八糟。可以说，他们在这里除了如何做一个所谓的绅士之外，什么都没有学到。

那些家长真应该感到失望,因为他们的孩子并没有成为学者,反而成了一个精通赌博、赛马等各项活动的花花公子。他们每天拼命地花钱,拼命地喝酒,生活节奏快得吓人,以至于寿命也比前人短了很多。他们被口腹之欲俘获,非常习惯于欠债。他们当中很少有收入丰厚的,却同样拥有相当多的债务。尽管如此,他们还是只想着如何去借更多的钱,却很少考虑应该怎么还。这种风气日复一日地在社会上弥漫,使往日被人尊敬的绅士一词的地位一落千丈。可以说,现在这些所谓的年轻绅士只是生活奢侈,行为懒惰,没有一点真实的才华和品德,甚至连最基础的勤奋都没有。按照目前的情况,想要彻底铲除奢侈之风,恢复美好的道德,确实需要很长一段时间。

从现在开始,人们应该行动起来,避免入不敷出,拒绝那些负担不起的商品,尽量不欠债,如果手上有债务,最好及时还清。欠债的坏处是数不胜数的,它会损耗你的人格,让你失去尊严,难以自立,甚至失去自由。要知道,时刻处于债主的阴影下,感觉比奴隶强不了多少。你的家也会成为律师经常光顾的场所,邻居们要是知道了这件事,也不会对你施以丝毫的同情,只会对你议论纷纷。

"我喜欢还钱的感觉,"蒙田这样说,"每还清一笔钱,我就会感觉像卸下了一块大石头一样,似乎再也不用做债主的奴隶了。""节俭是自由之母。"约翰逊也这样说过。

想做到这些,就一定要懂得一些数学。对于那些不是很富裕的人来说,数学尤其重要。因为不懂数学会造成很大的浪费,甚至很多不幸的产生正是因为这个原因。只可惜，很多女人确实不懂这门学科，连最基本的运算都不会。因为就算她们受过教育，也只是学过一些语言、音乐和日常礼仪之类的东西。大部分人都认为，作为一个女人，懂得这些要比懂得数学重要得多，几乎没人注意到，如果想让一个家庭正常运转下去，不至于沦落到一贫如洗的境地，女主人至少要精通最基础的加减法。如果没有经过合理的计算，她们如何知道家里的收入多少，支出多少？又怎么能知道钱到底被花到了什么地方？

想要算清财务，拒绝欠债，也一定要重视对婚姻的态度。很多年轻人在结婚之前从来什么都不考虑，只是靠着激情就匆忙地决定两个人要在一起，这是十分不可取的。

这种故事通常会向着这样的方向发展：舞会上，年轻人遇到了心仪的姑娘，两人一见钟情，跳了几支舞，一直到舞会结束，各自回家，依然对对方念念不忘。没多久，也就是说，没有经过细致的考虑，两个人就很快结为夫妇，组成新家庭，过上了新生活。通过每天的相处，他们逐渐更加了解对方，并且开始明确两人在家里的分工，男人挣钱，女人管家。但是，因为两个人都太年轻，总是充满激情，不一定能很快地把目光转向现实生活。所以，很多时候，他们需要很长时间来确定自己在家里的位置。一般来说，一年的时间远远不够。

在这段时间里，如果双方可以互相理解，彼此关爱，努力做好自己该做的事，并一起把共同面对的问题处理好，未来的生活就会舒适很多。如果遇到突发事件，只是一味惊慌失措，或者期望从对方身上得到纯粹的快乐,当激情和好奇消退后,他们就会开始无休无止地争吵、变得越来越不能容忍对方,也对彼此越来越失望,在这种情况下,他们很有可能会把之前的美好忘得一干二净。

作为女人,妻子在伤心之余,经常以泪洗面,进而把注意力转移到衣服和奢侈品上面,开始变着法儿地花钱,为自己寻找新的寄托,而丈夫虽然不会轻易哭泣,却可能因为妻子经常哭哭啼啼而无比心烦。看着流泪的妻子,他基本不会同情她,反而会更加反感她。于是每天连家也不想再回,一下班就钻进酒馆买醉,宁愿把赚来的钱全都花光也不想补贴家用。这样一来,他们不仅精神上会贫乏,物质也会很快变得越来越贫乏,也许终其一生,他们也很难体会到什么才是真正的舒适、安宁和幸福。想要解决这个问题,其实有个很简单的办法,如果双方都乐观一点,理性一点,情况一定会好得多。

5.学会拒绝非分要求

一个人如果足够聪明,自然是幸运的,也确实值得羡慕,因为这不止能让他更好地处理各种事情,也能让他的家庭生活变得更加顺利。但是,在爱和关怀方面,聪明却并不能比温和的心发挥更大的作用。

爱和关怀并不代表人们要无条件地服从任何人,也并不意味着盲目乐观。也就是说,如果一个人具备爱和关怀的能力,一定会表现得宽容大度，并且能够独立生活，从内心深处切实地感受到幸福的真谛。相反，如果一个人不具备爱和关怀的能力，一定会表现得斤斤计较，爱发脾气，喜欢指责他人，觉得事事都不顺心，生活就像一团乱麻一样难以处理，不堪忍受。每天过得都像是在荆棘丛中挣扎，既无法感受到家庭生活的乐趣，也一点都不明白社会到底幸福在哪里。

在刚才那个故事里，过不了多久，丈夫就会对妻子厌倦，因为他只是被她那张漂亮的脸所吸引，而并不是她本身，所以当这张脸不再漂亮，或者说，当他找到了其他比她更漂亮的女人时，他的注意力就会被吸引过去。哪怕他才刚刚结婚，却也不想花大心力去保护家里的女人，他不觉得自己应该承担起很多之前从来不需要考虑的问题，或者说，他的能力也不足以承担那些。于是，在一堆烦心事中，他会选择去街上吸烟、打牌、喝酒……干什么都行，只要别回到家面对妻子。而女人天生是需要被保护的，哪怕她们自己有足够的能力，也总希望身边站着一个强有力的男人。当感到孤苦无依时，她的心情会相当沮丧，甚至觉得自己被抛弃了。夫妇二人都是这样糟糕的心理状态，可想而知，一旦他们见面，生活会变成什么样子。本来，他们只是凭着一腔热血步入婚姻，对彼此并没有太多的了解，当爱意逐渐消退，需要处理各种生活琐事之时，也就难免互相指责，甚至谩骂、殴打。如此一来，幸福和平静也就从此和他们无缘了。

很多人都会觉得，穷人很少有机会享受到爱，却很少有人能体会得到，对很多富人来说，爱也是实实在在的奢侈品。虽然他们普遍住着豪华的大房子，并且可以指使仆人把房子里收拾得很整洁，所有应该有的东西，他们什么也不缺，无论怎么看，都是一派物质丰裕的样子，但是只有他们自己才知道自己内心到底有多么苦闷，他们很少能感到满足和快乐。确实，如果没有同情心，不懂关爱他人，无论是穷是富，都无法体会到欢乐的趣味。

物质条件对于家庭幸福来说是必备的，却绝对不是决定因素。一家人能否快乐幸福地生活，和大家的精神状态很有关系。

婚姻是人生大事，不能随便决定，像偶然性极强的抽签一样。但是，很多年轻人特别不重视这一点。他们随便许下誓言，又随便地忘记或者违背，做什么都无比轻率。女孩很少掌握恋爱技巧，也不知道应该怎么考察自己的恋爱对象，因此在和男孩相处的时候，头脑中根本没有清晰的认识，只会用那些假得可笑和不切实际的表演取悦对方。男孩则很少看重女孩的内在，比如她们的美德和品格之类的东西，通常情况下，他们只是被对方的身材或者面貌吸引，因此，这样组合而成的家庭生活又怎能谈得上幸福？很多问题都是这么产生的。并且，人们很少反省自己，一旦遭遇到这种情况，只会觉得自己的运气不好，没有遇到一个像别人家那样的好妻子或者好丈夫。实际上，如果他们能更加谨慎一点，所有的问题都可以尽量避免。结婚是两个人的结合，而不是雇用仆人，选择结婚对象也是十分需要智慧的事，如果只因为外表或者财产就决定和对方共度一生，很难得到想要的幸福。如果只凭一时冲动就决定要结婚，更没法得到令人羡慕的好运气。从这个角度来说，这些人之所以拥有失败的婚姻，确实是因为运气不好，只不过他们运气不好全是因为他们自己没有好好考虑。

像经商一样，想要获得成功，无论是谁，都需要一定的判断力、分辨力和长远的眼光。当然，没有人会永远保持正确，但在明知道可能犯错误之时，还不去想办法加以避免，而是抱着万分之一的侥幸心理，把希望寄托在别人身上，就是十足的愚蠢了。

敢于拒绝也很重要。在面对自己承受不起的诱惑时，哪怕自己心里万分不愿意，也要有勇气敢于说"不"。谁都想享受好东西，想过上舒适的生活，可是如果这超过了自己的支付能力，必然会导致贪污、诈骗，并致使一个人走向毁灭。这样的人是不值得可怜、帮助或者被宽容的。

不拒绝别人的人总是很容易受到大家的欢迎，可是也许他们自己过得并不舒服，因为没人能保证只要求他做那些力所能及之事。尽管如此，他还是会尽量满足任何人的任何要求，因为他没有勇气拒绝别人。只是，时间一久，他们也会逐渐分不清，他们到底是喜欢帮助别人，还是惧怕得罪别人。

比如，一个人继承了一小笔遗产。有人得知这个消息，立刻围过来，企图得到金钱上的帮助。他很单纯，不知道应该怎么拒绝，也不想因为钱而和朋友们闹得不愉快，于是只好半推半就地满足这些人的需求，甚至在内心深处还会觉得有点沾沾自喜。实际上，这是很危险的想法，如果他足够明智，本应该毫不犹豫地拒绝他们。但他并没有那么做，而且丝毫没有意识到这会给他带来无穷无尽的麻烦，一旦他第一次没有拒绝，以后想要拒绝就会更难。因为朋友们已经养成了这个不好的习惯,并且越来越多的陌生人通过这种方式成了他的朋友。最后,他会得到什么样的结果呢？只需要几个月的时间,这笔遗产就会被所谓的朋友们瓜分殆尽,只为他留下一个长长的账单。

如果只是失去了金钱,也许没什么可遗憾的。最糟糕的是,也许还会有一个和他并不太熟的人,在生意上出现了严重的问题,却卑劣地一走了之,剩下他这个担保人不得不想办法去填窟窿。为了解决这件事,他可能会真的倒霉到倾家荡产的程度。但这并没有让他学到什么,他还是那个不忍心拒绝别人的好心人。他依然是那个钱口袋,谁都可以来捞一把；他依然是那个水龙头,谁都可以来喝一口；他依然是那块腌肉,谁都可以来啃一口；他依然是那匹驴子,谁都可以来骑一骑；他依然是那个磨坊,谁都可以来磨面。

想要过上平和喜乐的生活,就应该在适合的时候学会拒绝。正是因为很多人都没有勇气这样做,或者自认为不能这样做,才大大助长了罪恶之风,致使很多好人最终陷入无休无止的麻烦,成为奢侈浪费之风的牺牲品,这简直是再普遍不过的事情。在政府工作的人担心丢掉饭碗而不敢拒绝颐指气使的上级,贫穷的美女担心继续过困难的日子而不敢拒绝有钱人的非分要求,有求于人的人担心别人会拒绝自己的请求,更不敢拒绝对方的一些请求,只能一边程式化地笑着,一边应承下所有的事。可这都是不应该出现的事,人们只要控制自己的欲望,拒绝过多的诱惑,就有资格在合适的时候拒绝他人。这么做有百利而无一害,因为它考验的是你的美德与决心。如果你那么做了，也就在一定程度上保持了美德，保证了自主和自由。当然，一开始，这有些困难，但是随着实践次数的增多，你就会渐渐习惯，并且会前所未有地感受到美德的魅力。

拒绝不仅适用于拒绝别人，更适用于拒绝自己。当感到空虚无聊，只好放纵自己的时候，当被情绪操控，做出一些不理智的事情的时候，当无限纵容坏习惯的时候，都应该坚决果断地对自己说"不"，因为这是最真实而珍贵的美德。

6.办一场节俭的葬礼

如果一个人不好好规划自己的财产，很可能会花光自己最后一分钱，并在饥寒交迫中死去。甚至就算他死了，也没法得到安宁。因为他毕竟是社会上的人，死后至少还需要办葬礼。一场体面的葬礼总能体现一个人的尊贵身份。对于上流社会来说，葬礼对人们的影响还不是很大，除了它昂贵的花费，但是有钱人通常出得起这些钱。中产阶级却不一定，中产阶级一向凡事向上流社会看齐，葬礼当然也是这样。他们也想像那些富人或者贵族一样，死后能拥有长长的送葬队，被专业的人抬着棺材，耀武扬威地走在大街上。尽管这一切不仅没什么实际价值，还会花上很大一笔钱，顺带折腾各位亲朋好友，但是为了跟风和攀比，很多人依然愿意这么做。因为他们想要一个体面葬礼的愿望实在是太强烈了。当然，如果承受得起，人们这么做也无可厚非。谁又没有权利安排自己的葬礼呢？但是，如果一个劳工死了，还没有留下多少钱，就会给他的家庭，尤其是他那守寡的妻子和尚未成年的孩子带来深重的不幸。因为家人要耗费很多钱为他操持葬礼，而他们也许根本负担不起。他们失去了家里的主要经济来源，又没法在葬礼上节约支出。最后，他们很可能为了举行葬礼而花光了最后一分积蓄，以至于在未来根本没钱维持基本的生活。从这一点来说，举办葬礼就不是一件高尚的事。因为人已经死了，没法再活过来，而这个死人还在抓住最后的机会消耗活人的生机和金钱，这么做可以说是又自私又残忍，因为他们一点都不为自己还活着的妻子和孩子着想。

中下层阶级的人确实比上层的人更容易染上这种恶习。尽管他们为此需要花不少钱，以至于可能会倾家荡产，但所有的劳动阶级都很看重葬礼，并希望通过举办一场风光的葬礼，为过世的人或者为他们自己赢得荣耀。平时他们可能会生活得很节俭，但是一遇到类似的事情，就会大把大把地花钱。在英格兰，为了举办葬礼，商人平均会花费大约五十英镑，劳动阶级平均却要花费五到十英镑。其中如果是女性死了，一般是五英镑，男性死了，则需要十英镑。从数量上来看，这些数字确实没有商人的多，但从他们财产的比例来看，这个数字就相当惊人了。不过，在苏格兰，这种情况会好一点。

办一场风光的葬礼，需要调动很多人力和物力资源，因此需要花很多钱。为了办葬礼，一家人花掉所有的积蓄是很常见的事。如果死的是家里的丈夫，情况还会更糟。

如果负担得起，自然没什么，可是在负担不起的情况下还要这么做，就很没必要了。

想要表达对死者的思念，可以通过很多种方式，并不一定非要在葬礼上花多少钱，或者非要穿上某些颜色的衣服。只要内心真正地哀悼，外表上做什么都无所谓。

约翰·卫斯理先生就很赞同这种做法。死后，他只希望被人抬进墓穴，不想要灵车和送葬队，不想要盖棺布，也不想搞一些故作悲伤的大场面，如果有人怀念他，掉几滴眼泪就足够了。

诚然，到目前为止，人们还是习惯于重视葬礼。而短时间内，风俗是很难被改变的事。人们总是会顾及别人的想法，或者社会舆论的导向，一旦受到什么挫折，那些胆小的人就会退缩，不会再坚持自己的看法。因此，想要改变这种情况，并不容易。只有靠着坚持不懈的宣传，努力让大家改变认识，社会风俗才会逐渐改变。如今，阿德莱德女王的葬礼上已经没有了送葬队，罗伯特·皮尔爵士的葬礼规模也不大，并且一点都不豪华。这些显贵人物的做法为人们做出了良好的表率，很有可能会影响到中产阶级。因为他们总是那么喜欢模仿上流社会。至于劳动阶级，早晚也会受到影响，不再盲目地追求豪华而奢侈的葬礼，因为那不过是一场毫无意义的表演。我们只要坚定自己的立场，并不断加强它在人们心中的分量，改变就是迟早的事。

在美国，一些社会组织已经建立起来，他们的宗旨就是拒绝葬礼。他们自己不会举办葬礼，也希望更多的人都像他们那么做。我们有理由相信，在人们，尤其是劳动阶级的共同努力下，厚葬之风一定会得到很好的改善。只有当他们真正认识到这个问题，并愿意去改变，这个问题才能真正解决。

第十二章 债务会摧毁诚实的心灵

• 如果生活中缺少了算术,会是怎样的景象,是否被恐惧所支配?不妨走入有着债务之都称号的布洛涅,那里的人们都不会算术。

——西尼·史密思

• 债务的荼毒非常深重!因为债务的存在,人们逐渐变得卑鄙自私,不那么坦诚,谎话连篇,进而丧失自尊,总是忧心忡忡,甚至滋生出许多商业欺诈。债务就如同一把利刃,诚实的心灵就这样被刺伤。

——道格拉斯·杰拉尔德

1.债务让人陷入破产的深渊

如果人们被债务所纠缠，这无遗是很大的麻烦。不管债务是如何产生的，它的存在都会令人感到非常难受，如同挂在脖子上的磨石，万分沉重。对家庭来说，债务是如同噩梦般的存在，会夺走安定和幸福。

长期被债务缠身，生活会渐渐地变得难以为继。就算这个人有着定期收入，且数额不小，长年累月下来，也很可能会被债务拖垮。可以说，债务的存在是人们最为忧心的事情。一旦陷入债务危机，生活就失去了原有的保障，没有能力保全固有的房产和财产，也无法在银行存钱，更不要提购买其他形式的不动产了，因为一切的收入都要用于清偿债务。

因此，如何做才能摆脱这种困境呢？这就要求背负债务的人具备坚定的意志力，否则只会越陷越深。就算是一些地产贵族，他们拥有数额不菲的财产，如果遭遇债务危机，也不免会变得意志消沉，处境堪忧，甚至很悲惨。当然了，这也是对他们自身或者是上一辈家族成员一些不良嗜好、恶习的最大惩罚，例如好赌成性、沉迷赛马或者生活奢侈、挥金如土等。这些习惯挥霍的人，最喜欢做的事就是为了变现而将不动产进行抵押，最终的结果就是被债务纠缠。除非法律有明确的规定，这些不动产在他们去世的时候可以和债务抵消，那么他们活着的时候就可以心安理得地用英国民众的财富满足一己之欲，继续过着挥金如土的奢华生活，他们的合法继承人在得到遗产的时候也不必负担债务。这样的事情只发生在极少数人身上，他们必定有着非同寻常的特权地位。对于寻常人来说，一旦继承不动产，也就随之继承了债务，而且，这些债务往往比不动产本身所值的数额要大很多。

就算再伟大的人，也曾背负债务。因此，有的人这样判定，是债务成就了伟大，这二者之间有着密切的联系。伟大的人物通常受到很多人的尊敬，会让放债人觉得他们信用良好，所以愿意借贷给他们，同样，伟大的国家享有较高的信誉，能够轻而易举地借贷，并因此背上巨额债务。相比之下，无名小卒或者是比较弱势的国家，因为自身缺乏还款能力，根本无法借来巨额资金，更不可能欠下很多债务。其实，对于个人和国家来说，背负债务并不是特别令人头疼的问题，和债务相伴随的利息问题才是。此外，因为自身背负着巨额债务，他们的一举一动都格外受人关注，借贷人尤其关心对方清偿债务的能力，连隐私也会成为别人关注的焦点，会被毫无遮拦地追问健康情况和个人行程。而那些没有背负债务的人们，相对生活得轻松惬意许多，同时也相对默默无闻。

很多人会觉得债权人总是一副贪婪的嘴脸，他们咄咄逼人，对债务人穷凶极恶，相比之下，背负债务的人就显得弱小可怜，会博得众人的同情。但是，不管债务人获得了多少怜悯和称赞，他们自身的处境也不会变得好一些，为了偿还债务，他们必须马不停蹄地工作，即便如此，也有很多人无法及时还清欠款，最后不得不频频使用权宜之计。可是，权宜之计只能够暂时摆脱催债人和治安官的纠缠，回到现实中，仍要面对无计可施的困境。就算有一些人能够做到像谢里丹那样，在马房中面不改色地招待债权人，轻而易举地把他们打发走，但是，他自己的处境依然很艰难。他总是在编织一个又一个的借口，希望通过这种方式推迟还款日期的到来，只有谢里丹自己心中清楚，每当有人来敲门，他都会心跳加速，脸色惨白，虽然最后虚惊一场，但是他从未有过片刻的安宁。谎言说得多了，自然受到债权人的质疑，遭受对方的蔑视，谢里丹觉得失去了宝贵的尊严，更是没有任何个人自由可言，而变得低人一等。他想要得到亲朋好友的帮助，结果换来的依旧是蔑视，更多情况下是被冰冷地拒绝。最后，他只有乞求债权人，就算成功了，也无疑跳入了另一个火坑，进入深不见底的恶性循环。谢里丹的生活彻底陷入了绝望之中，他不想待在国内，每一秒都如坐针毡，他也不能出国，那显然是一种逃避的行为，他自己都觉得羞愧。他越来越紧张不安，烦躁易怒，生活中再也没有快乐可言，他彻底沦为了债务的奴隶。当所有的办法都用尽的时候，他再也没有可以躲避的地方，等待他的只有法律的制裁，最终在监狱里度日如年。

可见，对于背负债务的人来说，如果没有足够的能力及时清偿，不仅生活得毫无尊严，还很容易引发道德堕落，要想有效避免这种情况的出现，必须遵循"用之有度"的原则。然而，现实却是，人们很少能够抵制住形形色色的诱惑，在花钱的时候丝毫没有顾忌到自身的还款能力，为了眼前的享受挥霍无度，直到入不敷出的那一刻到来才会停止贪图享乐，才意识到当初的自己花钱有多么盲目。

除此之外，一个人想要远离债务的困扰，不仅要养成理性消费的习惯，还要做到不被任何花言巧语所蒙骗，尤其当债权人对自己进行各种借贷鼓励时，要对自身财务状况有着清晰的认识，避免成为错误债务制度的俘虏。个人如果能够做到量入为出，将收入做一个合理的规划，部分提供日常花销，其余进行储蓄，应对生活中的各种突发情况，这样一来，收支就能达到平衡，便不会出现借贷的情况。如果还拥有记账的好习惯，那么，家庭账户上的数字只会越来越大。需要注意的是，记账的目的在于更好地了解家庭支出，避免不理性的消费，而不是一味地购入，最后随便一记了之。长此以往，年末的账单只会令人感到更加沮丧，而不清楚自己究竟将钱花在了什么上面，这样的记账方式并没有什么实际作用，最终陷入债务危机也在情理之中。

虽说富人更有可能债台高筑，但是穷人也不例外。许多年前，国会通过了一项针对设立小额贷款机构的法律，初衷是为了帮助贫民和小商贩更快筹措到急需的钱。但是，法律设立之后，别有意图的人很快就利用它开始在贫苦民众身上榨取钱财。这些人声称那些急需用钱的人，只要将自己未来的收入进行抵押，便可以轻松地借贷到一笔数额可观的资金，用于满足自己日常的花销，且利息只有5%，不仅如此，还可以进行分期偿还。许多劳苦大众被他们精心设置的噱头所吸引，宁愿借债满足自己的欲望，也不想靠着脚踏实地逐渐积攒一笔钱财，更没有想到将来为了清偿债务让自己陷入更大的困境，债台高筑，导致进一步的贫穷。

随着借贷的人不断增多，一些贪婪的人看到了这种"养鸡吃蛋"的好处，便纷纷加入贷款俱乐部，向更多的贫困民众贷款。从表面上看利率只有5%，但是按照周期偿还，实际上利率在不断地增加，到最后的还款期限，真正的利率有100%那么多！

培根曾经说过"奢侈会令人走向覆灭"，他这么说了，实际上却没有遵守这个忠告，为了维持奢华的生活状态，不惜大肆举债度日，结果入不敷出，债务缠身，陷入了经济困境。为了摆脱这种困境，他只好接受别人的贿赂，因此被对手得知，从而彻底击败了他，最后被免去职位，彻底宣告破产，锒铛入狱。因此，不管一个人多么能干，也要具备自我克制的能力，否则落入债务恶魔的手中，只会一败涂地。

2.善于理财才能受益无穷

皮特先生对宏观财政金融很擅长，他在国家经济最艰难的时候展现了自己卓越的管理才能，就是这样一位颇有成就的人，也不一定能够打理好自己的个人经济情况，需要靠借债度日。皮特曾经请求卡灵顿勋爵查看自己的家庭账户，这位银行家发现，皮特一家每年的账单费用不到两千五百英镑。实际上，皮特先生每年都有超过六千英镑的收入，同时还兼任其他职位，有将近四千英镑的收入。即便如此，当皮特先生过世以后，国家还为他清偿了四万英镑的债务。麦考利对此表示："伯里克利和德·威特身上的公正无私在皮特身上体现得淋漓尽致，但是，皮特却没有这两个人难能可贵的简朴，否则他一定会取得更大的成就。"

诸如此类的例子不胜枚举。福克斯先生因为举债而闻名，即便犹太放贷商人会故意提高利息，福克斯先生也愿意经常光顾。在福克斯看来，自己不需要有钱，只要有人愿意借钱给自己就好。当时的上流社会以豪赌为荣耀，福克斯先生很快就沾染了嗜赌的恶习，更加肆无忌惮地借债。据吉本的描述，福克斯某次接连赌了二十个小时，输掉了一万多英镑还不罢休，为此，塞尔维恩还将他称作"殉道的查尔斯"。

提到谢里丹的时候，众人都表示非常疑惑，没有人知道他的钱都花在了什么地方，总是依靠借贷度日，是个不折不扣的"负债英雄"。当然，谢里丹也有过富裕的日子，只是所有的钱到他手里都会很快花光——有一次，他前往巴斯长途旅行，一个多月后，第一位妻子带给他的一千六百英镑被消耗殆尽。为了继续生存下去，他只好开始进行剧本创作。紧接着，第二位妻子又带给他五千英镑的财富，与此同时，他卖掉了公司股票，用所有的钱在萨里郡购置了地产，结果再次陷入巨额债务中。谢里丹的生活如同坐过山车一样，攀向人生高峰之后，过了一段很短暂的光彩生活，接着便迅速陷入债务危机，处境异常艰难。为了生存下去，他只好不断地借贷。屠夫、杂货店老板、面包师、牛奶工……任何人都有可能是谢里丹的债主。每天早晨吃过饭后，谢里丹都会问约翰："门都关好了吗？"因为门外早就挤满了债主，大家都在趁他还没出门时来催债，当他确定所有的门都已经关好之后，才小心从别的地方出去。作为谢里丹的佣人，处境也很艰难，他们需要花费大量的时间向邻居讨要基本生活所需和一些钱，有时候，谢里丹夫人要等上很久才能够吃上饭。生活中的窘境远不止这些，谢里丹从事海军会计长的工作时就发生了一件非常尴尬的事情。当时，屠夫已经把处理好的羊腿送进了厨房，厨师接过后就放入锅中煮制，当屠夫向谢里丹要钱无果的时候，果断回到厨房掀开锅盖，拿起羊腿就走。还有一次，一位债务人骑着马来向谢里丹催债，"这匹马简直是我见过的最漂亮的马了！"谢里丹刻意称赞道。"你果真这么认为？""没错，它跑起来怎么样？"债务人一时之间竟然忘了来这里的意图，便开始向谢里丹介绍起这匹马是如何的优良，"你真应该亲自试骑一下！"谢里丹毫不犹豫地骑上了马，接下来发生的一幕令债务人始料未及，不管他怎么喊叫，谢里丹完全不为所动，骑着马全速跑了起来，然后匆忙躲到一个角落里。生活困顿至此，谢里丹依旧挥金如土，毫无节制，当他和儿子应邀去农村时，为了讲究排场，他刻意雇用了两辆马车，两个人分开坐。长此以往，谢里丹最后的悲惨结局可以说早就注定了。在他快要去世时，所有的贵族朋友都置之不理，他连填饱肚子的食物都没有。为了偿还欠款，债务人请求强制执行，这时谢里丹已经奄奄一息，在治安官的监督下，他走完了负债的一生。

对于缺乏理财能力的人来说，他们的钱袋总是空空如也。美国政治家韦伯斯生活奢华，也常常因为陷入财政危机而苦恼。为了摆脱困境，韦伯斯最后像培根一样选择受贿，"他只好接受某些实业家的救济，作为一名参议员，他之后的很多演说都带有强烈的贿赂色彩。"不仅如此，连品性坦诚的门罗和杰斐逊总统也摆脱不了负债累累的局面。

从表面上看，科学家很少参与社会活动，生活单一，似乎很少负债。但是，许多科学家因为收入有限而经常被债务纠缠，开普勒就是个典型的例子。作为首席数学家，他常常入不敷出，哲学家斯宾诺莎虽然可以凭借磨眼镜片的工作谋生，但是也过得十分拮据。道尔顿更是对金钱没有任何好感，他给出的理由是"如果自己过得非常惬意，就可能不会像现在这样专注于研究了。"相比而言，科学家约翰·亨特就显得独树一帜，他喜爱收藏，把挣到的所有钱都用来购买藏品，还特意找人修筑陈列馆，这才有了现今被叫作"亨特博物馆"的非凡成就。

3.没有节制万劫不复

凡·戴克先生的生活非常奢靡，他经常挥霍无度，因此陷入了债务危机；伦勃朗因为沉迷于古董、名作和武器收藏，并且毫无节制，品行贪婪，导致自己入不敷出，背负巨额债务，最后不得不宣告破产，在接下来的十三年中，他的财产情况一直被法律监督着，直至离世。由此可见，错误的生活方式会令人走向万劫不复的深渊，没有丝毫节制，会让原本不幸的人更加贫困无助，让喜好奢华的人被债务纠缠。

海登就是一个典型的例子，虽然，他在自传中描述那些著名的艺术家都懂得如何生活才能够让自己更加幸福，像是拉法叶、泰坦等人都过着十分富有的生活，他们本身非常有艺术才华，同时又懂得节俭，自然活得很好。可是，海登却不是这样的，他总是陷入经济困难，一点都不幸福，只好通过借贷让自己生活得好一些，于是又陷入和债务漫长的斗争中——通常是上一笔债务还没有彻底还清，又马上多了另一笔。连他的名作《虚伪的选举》都是在监狱中完成的，当时他因为债务问题被最高法院监禁。因为繁重的债务问题，他的日记开头都是以借钱开始的："我从一位学生那里借来了十英镑，他是由乔治·博蒙特二十四年前推荐给我的。这位学生很有绘画的天赋，他很聪明，学成之后竟没有从事绘画相关的职业，而是开了一家黄油商店，因此生活得不错，还能够在必要时刻为很久之前的老师送来救命钱。"在海登的自传中，更是处处透露着自己严重的债务问题，"在某次因为债务问题被逮捕后，我创作了《拉萨路的头像》；创作《埃克尔斯》的时候印象很深刻，那时我刚从一个穷追不舍的债务人手中逃脱；创作完《色诺芬美丽的面庞》之前的上午，我还在和律师周旋，企图获得对方的怜悯，好再宽限我几天；在画《卡桑德拉》的头部时，我整个人感到非常痛苦，当我还没有画完手的时候，某个经纪人又来跟我喋喋不休，讨论那令人厌恶的交税问题。"这位可怜的艺术家，几乎时时刻刻都处于债务的煎熬中。

柯珀曾写道："即便对花钱的事有了清晰的认识，以及能够对财产进行比较好的管理，我一年中仍旧有九个月处于困顿。"他声称，自己从未看到哪个诗人懂得节俭，包括自己。因此，就算他已经退休了，也无法过上平静的日子，摆脱不了警察的追究。虽然很多诗人都生活奢侈，但是著名的剧作家莎士比亚却不是这样的，他的生活一直安稳舒适。

相比之下，和莎士比亚同时代的名人却很少过得比他好。本·约翰酗酒成性，因此生活困顿，每一天都很难熬；马辛杰更是一贫如洗，连酒店的账单都无法结算；格林、皮尔和马洛生活荒淫无度，在贫困交加中死去，马洛的朋友也和他如出一辙，"经常被病痛折磨，我的身体日益虚弱，我变得越来越厚颜无耻。"他在求救信中这样写。斯宾塞也过着穷困潦倒的生活，本·约翰逊曾这样说过，"斯宾塞因为物质匮乏而死，当时，他住在国王大街，埃塞克斯的庄园主知道了他的情况，特意派人送来二十个面包，但是生命垂危的斯宾塞拒绝了，在他看来，自己已经没有时间来享用了。"当然，也有名人没有背负债款，避免在贫病交加中死去，弥尔顿去世的时候没有任何债务，但是也没有什么财产。可怜的洛夫莱斯最后死在了地下室中；巴特勒写出了作品《休迪布拉斯》，仍旧因为困顿死在了玫瑰胡同，就在同一个地方，德莱登因为还不起欠款遭到毒打，那些恶汉都是债务人雇佣的；奥特维为了躲避债务官的追踪，找了很多藏匿的地方，最后避难所都被发现了，走投无路；威彻利因为无法偿还债务，受了七年的牢狱之苦；菲尔丁为了能够让自己奢侈度日，抛妻弃子，最后一无所有，并死于贫苦。

喜好奢华的萨维奇也是一个典型的例子，他每年都有五十英镑的津贴，但是过不了几天，这笔钱就被挥霍殆尽。当萨维奇有钱的时候，他拼命追赶时髦，穿最流行的衣物，没有钱的时候就衣衫褴褛。有一次，萨维奇刚领到津贴，约翰逊恰巧碰到他，于是就看到了这样一幕，他身上穿着最华丽时髦的红色大衣，脚上穿的却是一双破了洞的鞋子，隐约可见赤裸的脚趾。没过多久，萨维奇就锒铛入狱，原因当然和债务有关，出狱后的萨维奇也没有痛改前非，一再荒淫无度，余生经常入狱，最后也死在了狱中。约翰逊谈论起萨维奇的时候，表示很惋惜，"他本应该生活得更好。是时候对那些自命不凡的人一些提示了，即便自己颇有天赋，也不应当无视生活准则，只有节俭度日，才能让自己生活得更好。知识能够改变命运，但对于胡作非为的人来说，它就没有任何价值，就算再有智慧，也会遭人唾弃，天才也会受到鄙夷。"

斯特恩先生去世时没有留下一分钱财产，好在他生前也没有任何欠款，庆幸的是，他的妻子和孩子都得到了捐助，不至于生活得很困苦。丘吉尔也曾被监禁过，因为过于放纵和挥霍无度，在柯珀看来，"丘吉尔这么做得不偿失，不仅损失了金钱，还有比金钱更加贵重的才华。"这样的例子不胜枚举，查特顿先生晚年的时候非常不幸，吃了上顿没有下顿，绝望的他在八十岁的时候选择服毒自杀。理查德·斯蒂尔爵士和之前提到的谢里丹很相像，他虽然总能把握住机遇让自己迅速变得富有起来，但是一生中总摆脱不了债务人和治安官的纠缠，当他成为邮票委员会的官员时，收入仅达到了中等水平，却要去购置豪华马车，还立刻在不同的地方购置了不菲的地产。结果，没过多久，他再次陷入债务危机中，并且比以往都严重，再次被律师扣留，丧失了人身自由，房屋和里面的贵重家具都被悉数变卖，从此活在法律的监管之下。斯蒂尔是个不折不扣的乐天派，他总是生活在幻想中，而不顾眼前的现实，他曾对妻子深情告白："我发誓，我会让你成为全英格兰最幸福的女人，过得比谁都好。"但是，直到他去世，都还住在妻子的小房子里，至死也没有实现当初的许诺。

4.债务使人陷入绝境

如今，很多名人身上都存在过度消费的问题。其实，他们中的大多数并没有富裕到能承担那些账单的程度，却羞于承认这一点。不仅如此，为了让自己看起来光鲜，他们甚至不惜借债度日，随着借债的数目越来越多，他们的烦恼和忧虑也越来越多，最后不得不走上道德败坏的不归路。

在这方面，哥尔德·斯密斯是很有代表性的人物。他生来就不知道节俭是什么，而且非常擅长欠债。他从未停止过欠债，很少有人欠的债比他更多。为了过上奢华的生活，他花钱如流水，不计任何后果。他的债务就像大海里的浪花一样，一浪又一浪，永远看不到尽头。他蔑视金钱的价值，生活得非常随意。他曾经花光全部的财产，只为买到一匹马，也毫不犹豫地把自己的学费拿去赌博并且全部输光。有钱的时候，他挥霍浪费得惊人，没钱的时候，他为了施舍给乞丐，也不惜去借钱。最后，他在欧洲各个国家几乎都欠了债，穷到不剩一分钱，不得不赊牛奶喝，更是交不起房租。他想过通过写书赚钱，可是一直也没动笔。最终，在生活的逼迫下,他只好离开了欧洲大陆,带着笛子一路卖唱,靠双脚走回了英国。尽管如此,在回到家乡后,他也并没有改变自己的习惯,而是数次抵押自己赖以栖身的房产,一直到死前,也还欠了二百多英镑没有还清。本来,在经济如此繁荣的情况下,人们手中不应该缺钱,可是对于很多像哥德尔·斯密斯这样爱好挥霍、贪图享受的人来说不是这样。钱来得越容易,他们花得也就越快。

在文学艺术方面,很多天才人物都是这样。他们虽然具备惊人的才华,却很容易因为疲于应付现实而被世界粗暴地抛弃。一些人觉得社会应该宽容这些天才,政府也应该向他们伸出援手,可是如果这些天才始终学不会节俭地生活,谁都无法真正地帮助他们。的确,他们应该被同情,可也只是被同情。因为他们并不是真正意义上的穷人,他们有能力赚钱,并非真的缺钱,只要他们能够合理利用自己的资产,完全可以过上很好的生活。

也许,哥尔德·斯密斯也不是真的不知道自己的问题出在哪里。他拥有足够的智慧可以解决麻烦,可是他并不愿意那么做。如果他真的那样做了,事情就会好很多。他曾写过一封信给哥哥亨利。在信中,他说:"看看我的例子吧!我亲爱的兄弟。我真切地希望你能教育好自己的孩子——一个人可以成为哲学家,也可以活得慷慨,但前提是先学会节俭与朴素,否则就会有百害而无一利,甚至连自己也会因为过于慷慨而沦为乞丐。"

著名诗人拜伦也是这样。他还没成年,就因为奢侈浪费身陷债务,刚刚二十一岁,就欠了高达将近一万英镑的外债。尽管如此，他并没有任何改过的意思，为了举行宴会而冒险去借高利贷。他总是缺钱，并且越来越缺钱。他母亲在临死前甚至还因为这件事而恼怒。本来，他从未想过靠写作赚钱，迫于生计，他不得不改变了这一想法，很快，他学会了和出版商进行周旋。后来，他的作品也卖了一些钱，可是这点钱根本不够还清巨额债务。他被逼无奈，不得不盘算找一个富有的妻子。只可惜他的妻子不仅富有，而且精明，尽管债主们天天登门，她从来不会为他还钱。因此，这个可怜的诗人在这场目的鲜明的婚姻中非但没有捞到半点好处，反而过得更加窘迫，最后连自己的房子也失去了。如果不是因为他是著名诗人，早就被警察抓到监狱里了。最后，他的妻子忍无可忍，离他而去。走投无路之下，他不得不明码标价，表示要出售作品的全部版权。幸亏在这个时候，一个良心的出版商伸出援手，给了他一部分钱用于渡过难关，事情才稍有转机。可是，非常可惜，因为糟糕的生活习惯，终其一生，拜伦都没有完全还清债务。尽管他因为那些债务不得不承受着巨大的压力，简直要被逼疯了。

5.别让债务泯灭良知

在被债务纠缠时，不同的人有着截然不同的应对态度。有的人即便背负巨额欠款，仍旧可以生活得轻松自在；有的人即便没有背负多少债务，也会提心吊胆，感到很大的压力，时刻都透不过气来。不管面对债务是怎样的态度，负债者都会迎来相似的境遇。那就是不仅无力支付自身的吃穿用度，更没有能力去进行社交，生活寒酸，没有思考、体面可言，不仅时常受到自我道德感的谴责，还时常受到债务人的压迫，内心非常痛苦，心理负担特别重。

即便如此，还是有一些人能够自如地应付债主。雪菲勒斯·西伯就是个值得一提的例子，当他穷到吃不起面包的时候，不得不向人乞讨，而当自己有了一截面包时，又转而将它喂给了鸟儿。福特的母亲曾多次遭遇债务危机，为了避免牢狱之灾，她不得不向儿子写信求助，当福特接到那封十万火急的信件时，非常镇定地写下了回信："我最亲爱的母亲，您的儿子同样处境堪忧，这令我无能为力，实在没有办法帮你清偿债务。"还有被人们屡次提到的谢里丹和斯蒂尔先生，他们始终都没有把欠债当一回事。即便已经背负了巨额债务，招待客人的时候也丝毫不会手软。谢里丹就更加镇定自若了，就算那些债务官都已经追到了家中，扬言要强制执行，他还能够从容不迫地把他们请到马房里，让大家静静等候，之后毫不费力地再把他们打发走。欠债久了，谢里丹还练就了一套自我调侃的本事，拿着债务的由头，和别人开了不少玩笑。"真的非常抱歉，这个账单有些污损，我看不太清上面写着什么，因为它被拿来拿去太多次了。"对此，债务人表示非常无奈，而谢里丹则若无其事地说："既然这样，那我有必要提醒你，你最好还是把它拿回去，重新写在一张羊皮纸上。"面对这样的欠债人，无论什么样的债权人都会哭笑不得吧。在债务问题上，斯蒂尔的做法更让人目瞪口呆。因为欠债，他没有能力再继续住在伦敦，于是他就搬到乡村去住。可是，即便住在乡村，依然欠债，他也仍旧不改挥霍的恶习。每次碰到丰富多彩的乡村活动时，他还不忘给大家发奖金。

面对债务，有人谈笑风生，有人则愁眉苦脸，显然，伯恩斯属于后者，他十分重视债务，如果不能及时清偿，就会感到无地自容，羞愧难当。有一次，他欠了别人七英镑四先令，因为暂时无法偿还，他心急如焚，想方设法地从朋友那里借来五英镑，同时还把自己创作的歌曲集作为回报送给友人，表示它很有价值。就在伯恩斯的生命即将走到尽头时，他还是拼尽全力出版了《爱之歌》这首诗，将获得的收入用于清除债务。西尼·斯密斯也非常重视债务的问题，他早年和债务进行了不懈的斗争。关于这段事情，他的女儿至今都记忆犹新，"在欠债的那些时日里，父亲总是整晚整晚地睡不着觉，他一次又一次地核对各种账单，越看越恐慌，压力很大，内心感到非常恐惧，因为过度担心，他总是濒临崩溃。"有一天晚上，女儿亲眼看到父亲把脸埋在双手之间，痛彻心扉地大叫："天啊，我一定会在监狱里度过余生的！"债务对于他来说，就像是一把高悬在头顶的利刃，好在西尼·斯密斯在努力之下，最终还清了欠款，没有被关到监狱里。之后，他又以轻松愉悦的心情开始工作，尽管收入微薄，但是他很勤勉，在写作之余，还给《爱丁堡》撰稿，最后取得不错的结果。这也是对他勇于承担债务最好的回报。

笛福的一生也非常坎坷，身为作家，他曾因为自己过激的言论而招致麻烦，长期经济困顿且被债务缠身，生活十分困难。当

金钱与人生

他还是个充满激情的青年时，就写了一本充满激进言论的册子，从此爱上了写作，一发不可收拾。他先后从事了很多工作，有的和文字无关，例如士兵、制瓦工人，有的则和文字有关。后来，笛福成为一名诗人，后来又先后做了小说家、散文家和历史学家。在此期间，他因为债务问题多次入狱，因此对枷锁非常熟悉，可是正因为丰富的生活经历，才让他的创作在众多文学作品中独树一帜。当被别人指责嗜钱如命时，他这样为自己辩解："每个人都想过安宁的生活，我也是这么想的，但是为了能拥有更好的生活，我不得不与他人较劲，不停地卷入争吵的漩涡。由于他人负债，我被连累起诉，当公众无法理解我时，我只能说，我已经做了自己认为该做的事情，并愿意为此负责。"同时，他还指出，自己要养活庞大的家庭，除了辛勤劳作，再也没有别的方法可以采用，因为只有这样才能避免被债务缠身。"在监狱和疗养院的时候，没有任何人可以帮助我，只有我自己在苦苦支撑着，勇敢地生活下去。"因此，除了伟大的文学成就，笛福个人不屈不挠的抗争也同样令人敬佩。但是，这些都无法帮他还债，直到他去世仍旧负债累累。

这样看来，作家骚塞的经历也十分不幸，但是，和笛福不同的是，骚塞并不希望成为一个好战的辩论家，他在生活中更像是一名学者。骚塞同样背负过债务，但他很清楚，绝对不能让自己沦为债务的奴隶。因此，从一开始，他就极力避免自己借贷，对于那些自己暂时没有办法偿还的款项，他一概不予支出，实际上，他的确做到了这一点，成为自己生活的主导，而不是被债务掣肘。与此同时，骚塞还对需要帮助的友人伸出了援助之手，在某一段时间内，他还竭力帮助姐夫一家度日。尽管骚塞的生活很拮据，但是他一直奉行严格"量入为出"的原则，生活得很充实。因此，骚塞凭借自己顽强的毅力避免身陷债务的漩涡，没有任何抱怨，他和贫苦的生活进行着不懈的抗争。为了赚钱，他认真研究写作，努力通过这种方式赚到养活自己的钱财，同时还不忘帮助亲友，还有那些生活困苦的老同学。虽然生存已经很艰难，当骚塞得知柯勒律治吸食鸦片，他果断将其家人接过来一起生活，为此不得不超负荷工作。查特顿的妹妹非常贫穷，骚塞一直都在援助她，直到她摆脱贫困。除此之外，骚塞还经常接济一些才华横溢的年轻人，诸如科克·环特、达塞特等人，他不仅给予他们物质支持，还经常在精神上鼓励大家，并提出忠告。自始至终，骚塞都在努力工作和生活，从没有放弃对文学的热爱，在这个过程中，他收获了很多幸福和欢乐。

6.无债一身轻

面对巨额债务，沃尔特·斯科特爵士表现出来的品质也极为高尚。他是阿伯兹弗德堡的主人，本来日子过得不错，还做过治安官。可是，因为生意上的问题，他一下子欠了十万英镑的债务，破产了。好心的债权人体谅他的处境，提出可以免除欠款，可是这位可敬的爵士并没有答应。确实，他几乎丧失了一切，可他依然怀着深深的荣誉感，试图以超凡的勇气挽回和弥补。他也确实做了一个正直的人该做的事。首先,他变卖了不动产和自己的大部分财产,还了一部分债务,然后依靠撰写《拿破仑·波拿巴传》取得了一万多英镑的稿费,这让他的债务得到了一定程度上的减轻。这套书一共分为九卷,是他用一年多时间写成的,文学价值很高。不过,在创作过程中,他的心情很差,健康也遭受到了前所未有的打击。就这样过了四年,在忧郁和痛苦,外加过度劳累的折磨下,他不幸瘫痪了,几乎再也无法写作。可是,他一直没有放弃,意志仍然无比坚定。他罔顾医生的劝告,只想尽自己的努力尽快还清债务。尽管当时他几乎没有任何多余的体力去支撑他再拿起笔。最终,在去世之前,他还清了大部分的债务,虽然他依然没有还清所有的债务。然而,他为此做出的努力,已经足以说明他的英勇和伟大。

在生命最后的日子,斯科特深深地认识到这一点——贫穷并不比负债更可怕。正像很多人已经感受到的一样。确实,贫穷不是一件令人羞愧的事。相反,如果你能依靠自己的力量最终摆脱贫穷,反而会比那些原先就很富有的人更能赢得人们的尊敬。从这一点上来看,贫穷是可贵的财富,尤其对于年轻人来说。当然,前提是你具有这份勇气和胆魄。斯科特确实具备这种品性,只可惜他遭遇的不仅是贫穷,还是巨额债务,并且在那个时候,他也已经不再年轻了。

很多作家比斯科特幸运得多。莎士比亚、弥尔顿和加登都是这样的幸运儿,他们无一例外地有过一段贫穷的经历,正因为这些经历,他们才写出了旷古绝今之作。约翰逊也是一样,他年轻的时候甚至买不起一双新鞋，以至于不得不经常穿着露脚趾的旧鞋。他虽然很有学问，却比大多数人贫穷得多。他在伦敦的日子并不那么值得回忆——付不起一天不到五便士的食宿费，不得不和朋友一起睡在大街上。这些都被记录在他的作品中，但值得夸赞的是，他怀有惊人的勇气和向上的态度，既不满腹牢骚，也没有被生活打倒。他愿意与命运抗争，并努力使自己生活得更好。在艰苦的生活中，他的品格和意志得到磨炼，阅历也得到了前所未有的丰富。最珍贵的是，他并没有变得和大多数人一样冷漠自私，尽管自己并不富裕，但他还是依然帮助那些过得不如自己的人。这些事情让他对债务产生了独到的见解。他曾写信对鲍斯韦尔说："亲爱的先生，如果想让自己的灵魂安宁下来，尽量不犯错误，就要妥善处理自己的财产，确保收支平衡，做到节俭，不要过收不抵支的日子。就算万不得已，也不要轻易欠债。任何债务都会给人带去源源不断的麻烦。"在另一封信中，他对辛普森律师说："人们必须重视债务问题。因为小债务就像子弹，可以让人饱受伤痛的折磨。而大债务就像炮弹，虽然挨上的概率很小，但是只要一击就会毙命。"

很多伟大的文学家或者艺术家都无法安排好生活，也没法理智地使用金钱，因此很容易陷入奢侈浪费的泥潭。正像查尔斯·诺帝亚对一位天才的评价："不可否认，他是个艺术天才，可在生活上，他比一个孩子强不了多少。"这也许是因为他们把自己的全部精力都投入到了艺术创作中，对生活关心甚少的缘故。对于他人和社会来说，这是有好处的。毕竟，如果天才们变

第十二章 债务会摧毁诚实的心灵

得精明，就不会有那么多伟大作品问世了。如果弥尔顿早就知道自己耗费巨大精力写就的《失乐园》只值五英镑，也许根本就不会写。

天才在现实生活中确实没有多大优势，可是这并不意味着他们可以凭借这一点而变得更加随意，不顾规范。无论是文学还是艺术创作，都需要有一个基本的物质条件，如果他们总要为吃穿发愁，并且欠着巨额债务，肯定也会影响创作。他们的才华确实值得尊敬，可是这并不能抵消品性上的缺点。人们更不应该因为他们的才华，就称赞他们的缺点。无论是谁，只要犯了错误，都不应该因为任何原因而被网开一面。无论是什么天才，总要先做好一个普通人，才能在其他领域大放光彩。尤其在金钱上面，只要挥霍无度、贪图享受，就要承担后果。这是放之四海而皆准的真理。在这方面，《潘登尼斯》是很好的一本书。不仅把夏登上尉这个人物塑造得很好，还尖锐地指出了这些天才的毛病。作者说："就像士兵、律师或者商人一样，如果作家不能按时支付自己的账单，也应该被关进监狱。"德斯塔尔夫人也说过类似的话："想象力和艺术是十分宝贵的东西，但她们不能仗着自己的美貌而为非作歹。"当然，如果一个人真的做出了努力，却碍于外部因素，无法达到想要达到的效果，那么所有心怀善意的人都应该对这个人伸出援手。问题是，很多人并没有真正做出努力，就奢望依靠别人。他们十分吝啬自己的精力和时间，却把别人的不当一回事。如果人们都不愿承担责任，想着依靠别人，就很难避免让自己过上不幸的生活。

第十三章　别过分依赖慈善事业

•谁，谁，谁躺在这里？

是我，唐卡斯特的罗伯特。

这是我曾用的，我曾有的；

这是我给予的，我拥有的；

这是我留下的，我失去的。

——1579年，墓志铭

•那些懒汉宁愿花着乞讨得来的一点钱，也不愿去工作而赚取更多的钱。

——道格拉斯·杰拉尔德

•偷了猪的盗贼，却把猪爪施舍给被偷的人，多么虚伪。

——西班牙谚语

1.不要让心灵被金钱腐蚀

人只有先变得节俭，才能对别人慷慨。从这个角度说，节俭是很好的品行，既能规范自己又能帮助他人。它也是使心灵变得善良的良药，因为慷慨本身就是一种善举。像克拉克森家族、夏维尔家族、霍华德家族的很多成员都如此。他们创办医院、学校，致力于慈善事业，表现出纯洁的品质，备受人们的敬仰，在道德上堪称典范。

然而，想做慈善和拥有多少财富并没有多大关系。这是一种感情，一种情怀，是上天赋予人的本能。它不仅存在于富人身上，也存在于普通人身上。这是上天赐予全人类的福祉，也是获得快乐的最好方式。无论是帮助别人，还是被别人帮助，显然都是快乐的。从这一点上来说，无论一个人多么穷困，社会地位多么低，只要他怀有一颗仁爱之心，想要帮助别人，也可以随时去实施。

穷人总是过着沉闷乏味的生活，自己不去努力，却希望得到别人的帮助。其实互相帮助并没有错，但是给予和接受如果不对等，肯定没法长久。只有你帮助我，我也帮助你，才能最终获得幸福，否则早晚都会出事儿。

个人应该去帮助那些挣扎于不幸之中的其他人，社会成员也应该致力于人类的发展和社会的进步。

帮助别人真的不需要一个人拥有多少财富。比如和善的约翰·庞德，他创办了许多学校，并为学生们提供食物，虽然学校里的设施并不是极好的，但是总比没有好得多。他并不是很有钱，却用自己的友善赢得了学生的欢迎。在他的学校里，学生们不止获得了知识，更学会了如何做善事，因为约翰·庞德本身就是一个很好的榜样。他的事迹足以证明，只要心怀善意，就能做出一些不凡之事。圣文森特·德·保罗、马修神父和托马斯·赖特，这些人也不富裕，却同样致力于教育事业、禁酒运动或者给监狱做善事。很多大科学家、大传教士也没有多少钱，却也经常乐于助人，比如牛顿、瓦特、法拉第、夏维尔、马狄恩、凯里、利文斯通。

多恩博士也是一个很好的例子。他的事迹被沃尔顿记录下来，他的温和、慷慨值得我们所有人学习。在圣保罗工作时，他并不看重自己的收入。所以，在用很少一部分钱维持生活以外，他把剩余的钱都用来做善事。私下里，他有一份账本，在上面，他把自己的收入和支出，每一笔都算得清清楚楚。从账本上我们可以看到，在做了这些以后，他手里确实没剩下多少钱，可是他并不在意这些，也几乎从来不让人阅读这个账本，他做的一切只有上帝和天使知道。

有些时候，他帮助的人根本不知道自己到底接受了谁的帮助。他为交不起保释金的穷人交保释金，为穷学生筹集学费，也偶尔雇人去需要帮助的人那里分发钱物。

多恩博士做善事的时候也很讲求方法。他有个朋友，是个绅士，本来很有钱，却因为不善经营，过于慷慨，以至于最终落入贫穷的境地。多恩博士知道后，想资助他一百英镑，这位绅士却没有接受。确实，很多慷慨的人，就算自己变得贫穷，也不会让别人知道，因为他们不愿意因此得到别人的同情。但是，确实有很多和善慈悲的灵魂，非常渴望去帮助这些身在困境中的人，多恩博士就是其中之一。关于这件事情，他是这样处理的——他给那位绅士写了一封信，在信中说道："在那些欢乐的日子里，您慷慨地帮助了很多朋友，现在您也应该为了自己的欢乐而接受我的帮助。"那位绅士收到信之后，心情豁然开朗，欣然接受了那一百英镑。

金钱很重要，但是它的作用在很多时候都被人们夸大了。它绝不是一切，哪怕是捐赠金钱，意义也在于既可以帮助出钱的人培养善念，也可以使缺钱的人得到有效的帮助。在这个过程中，金钱不过是一种载体、工具或者手段，它什么都影响不了，因为它本身不具备任何价值，它的价值在于人们具体用它做了什么。致使这种行为发生的并不是金钱，而是人们热情、真诚和忠实的品性以及决心付出，不断奉献的精神。这些东西比金钱重要得多。因为正是在它们的作用下，人们才能让自己不再放纵，把眼光放长远，变得高尚而幸福。

很多人，尤其是那些想出人头地的人往往特别看重钱财，还会夸大这种力量，甚至陷入拜金的泥潭。这种人就算有了钱，也不会变得慷慨，反而会变得骄傲自大。这种问题并不只出现在当代，早在很久之前，人们就具备这种拜金的品行。可以说，这是人类的天性，只不过显得极其原始与低贱而已。以色列人造出了金牛，希腊人用黄金雕出了朱庇特神像。很久以来，金钱都是身份和地位的象征。人们总是关心一个人的财产或者收入，并且下意识地崇拜百万富翁而不是一个品行高尚的人。以前，在海德公园附近，很多人聚在一起，就是专门为了看一眼恰巧经过此地的富人。"看啊，那就是老克罗基！"当那个富人走来的时候，人们会一边向他投去赞赏的目光，一边自动闪出一条道路。其实，老克罗基也许根本配不上这种赞叹，因为他不过是一个赚了点钱的赌场老板。

正像戈尔太太说的那样——"野心和贪婪并不能让一个国家真的变得强大，因为它们会让国民变得粗俗而没有教养。现在的英国就是这样，人们满脑子想的都是如何能一夜暴富，早就忘了那些更高的品质。能引发他们渴望和热情的只有资本，高尚的志向却变得一文不值，无论在今生还是来世，他们关注的东西只和金钱有关。"

这段话相当正确。对金钱的渴求可以让人忘掉一切，尤其会忽略那些美好的品德。人们只对钱感兴趣，为此不惜放弃道德。这就是现在社会的风气。有趣的是，当人们有钱以后，又开始怀念起道德来，并因此而转向慈善，希望可以借此减轻一下压在自己心头上的包袱。但是事情往往已经无法挽回，他们出卖的东西再也找不回来了。在这种沉重的负担下，他们很难再说服自己勤勉地工作。更多的人，往往会被金钱腐蚀，也不再能保持积极向上的势头，转而开始挥霍浪费，虚度光阴。

2.不要做守财奴

"世界上将近一半的罪恶都是因为金钱，它总是难以避免地使人们变得疏远。如果雇主和工人能坐下来好好沟通一下，我们现在也不会遇到这种问题。作为雇主，应当负起责任来，使自己的工人更少地酗酒，为了做到这一点，他们应该出钱建造一些健康的娱乐场所，让工人住得更好，居住环境更加清洁、整齐，如果这些都实现了，劳工关系肯定会大大得到改善。威尔士是一个拥有古老历史的地区，现在它每天都创造着不计其数的财富，人们对此感到非常骄傲。但是这些财富都花在了哪里？肯定不是公共建筑、公园、图书馆以及相关的城市建设，花在学校上的也很少。很久以前，当一切还保持在欣欣向荣的状态时，我就强调过这些问题，但是人们一点都不在乎这个。当然，如果人们毫不费力就能赚到钱，并且足以把今天过好，何必要想以后？又何必要听我的陈词滥调呢？"莫特尔学院院长格里夫斯如是说。

人们一直辛苦卖力地工作，为了拥有更多的金钱。这会给我们一种错觉，认为他们真的很缺钱。实际上，他们已经拥有了足够多的财富，但他们绝不满足于这些。他们还是会不顾一切地赚钱，以至于为了一点小钱，甘愿从事最低贱的工作。他们拼命积攒金钱，哪怕他们手里拥有的钱已经足够他们花很久。他们只对赚钱和攒钱感兴趣，至于别的，他们都认为不重要。他们并没有受过良好的教育，不喜欢看书，也不明白看书有什么乐趣。他们甚至不能准确地拼写出自己的名字，更不会好好地教育自己的孩子。关于教育，他们只希望孩子能够服从自己，当然，如果能同时服从金钱就更好了。

他们积攒下来的这些财富，当然要由他们的孩子继承。孩子们在年少的时候，因为受到家人的限制，从来都不能随心所欲地花钱。这导致他们拥有财富后，会变本加厉地挥霍，并且因为眼界受限，他们只会觉得，这就是最好的生活方式。他们才不会像上一代那样节俭度日，过得紧紧巴巴，他们要像那些真正的有钱人一样大手大脚地花钱，甚至更严重。于是，过不了多久，财富便会被挥霍一空。当他们有了孩子的时候，不仅没什么可以留给自己的孩子，家境也会重新变得贫困起来。爷爷攒钱，儿子花钱，孙子没钱，这样的事情随处可见。若非如此，那句谚语也不会一直流传至今——"两对木鞋，一双长靴。"众所周知，木鞋是穷人的标志。穿木鞋的爷爷想摆脱贫困，拼命攒钱，为儿子穿上了长靴，可是儿子醉心于挥霍，最终会把钱财败光，孙子也就只能重新穿起木鞋，过着贫困的生活，也许还会沦为乞丐或者盗贼。苏格兰也有类似的谚语，只不过他们说得更加直接。无论如何，不管上一代怎么攒钱，如果不能使下一代树立正确的金钱观，懂得如何更好地支配金钱，有多少财富都会被后代迅速败光。

相反，如果能注重对后代的教育，使他们保持身心健康，拥有丰富的知识和高尚的品行，就可以将财富一代一代地传承下去，也会让孩子们拥有更多的闲暇时光，进而将眼光转移到比赚钱更高尚，更有趣的事业上去。财富本身并不能带给人任何乐趣，每天只是忙着赚钱会让一个人生活得单调乏味，任何正常人都不会希望自己过着那样的生活。财富只是工具，不是目的。如果因为赚钱而出卖了自己的乐趣，即使赚了再多的钱都无法弥补这种缺憾。当然，把财富单纯用于享乐也是不对的，因为它只会消耗财富，不会使财富保值或者增值。但是，这没有吝啬可怕。因为知道赚钱不容易，所以一分钱都舍不得花，只能日复一日地攒钱，看着自己的钱变得更多。没有人会尊敬这样的人，这种人，就算临死的时候，面前除了钱，也不会有其他的东西。如此可悲的人，迎接他们的，必然也是十分悲惨的结局。就像守财奴爱尔维斯一样，哪怕只剩下最后一口气，他仍然紧握着金币不放，闭着眼睛大叫："别动我的钱！那是我的财产！谁也不能夺走！"

无数鲜活的例子说明，穷人之所以过得不好，往往是因为随意花钱，不懂节俭；富人之所以过得不好，往往是因为过于节俭，趋于吝啬。他们只愿意攒钱，不愿意花钱，为此不惜出卖他们的灵魂和人格。伦敦一个富商就是这样。他虽然很有钱，却一直过着穷人般的日子，每天都担心自己的财富会被花光，为此甚至还去领过救济金。最后，他死的时候，吃穿用度仍然像个乞丐样。诺思有位富翁也是这样。虽然不缺钱，却还要去领救济金。当然，他们的后代还算讲理，当这些富人死去以后，他们又把那些救济金如数还给了政府。

这些所谓的富人，活着的时候舍不得花钱，生怕自己的财富被花光，只是希望用数额巨大的金钱来保住自己的地位。他们似乎觉得，人们普遍尊敬有钱人，所以才会拼命使自己变得有钱。但是，他们却忽略了，只有那些蠢人才会盲目地尊敬有钱人，更多的人尊敬一个人，并不只是因为对方有钱。而有钱其实并不能说明什么，财富和道德或者名声都不挂钩，有时候甚至是一种负相关的关系。很多富人虽然有钱，却非常无知，品行也不怎么样，因此没几个人知道他，他也不能创造出比穷人更多的社会价值。不久之前，有人调查过目前英国224位百万富翁的现状，其中有很多吝啬鬼，有工厂主、投机商，也有普通工人甚至矿工。他们都不是名人，很少被人熟知。在这些富翁中，能被人尊敬的占极少数，更多的人拥有一个坏名声。所以，如果是为了名声而积攒财富，到头来又能得到什么呢？人们只会这样评价他们——"没错，这个人确实很有钱，他死后留下不少钱。"

"在这个世界上，很多人都有钱，不过那些只会攒钱的守财奴，到最后终会明白，世人也会明白，他死后什么都留不下，人们最多只会记得他曾经有钱，可是这对已经死了的他没有任何价值，也许它们唯一的作用就是在审判日到来的时候，再为他增添一笔罪恶。这就是他辛苦攒钱一辈子得来的东西，活着不幸，死了也同样不幸。"杰勒米·泰勒曾如是说。

3.学会用平常心拒绝贪念

"与欧洲大陆相比，在英国，对财富的争夺更残酷，也更需要被宽容。之所以这么说，是因为英国家庭在分配财产的时候不会考虑平均的问题，这里长期以来都实行长子继承制。也就是说，只有大儿子有权继承家里的财产。其他的孩子无论是什么样，都不会从家里得到任何财产。这是大家约定俗成的东西，无论是上层阶级还是普通人都会这么做。可是，这种做法会让其他的孩子对金钱产生一种原始的崇拜，因为他们依照规则无法获得金钱。因此，当他们长大后，会特别渴望金钱，为此不惜出卖自己的尊严，甚至践踏别人的权利。他们也会对别人更加严苛，因为当年他们自己就是这样被伤害的。对于这种制度，他们无力改变，于是只能用这种方式去伤害别人，期望得到一点心理平衡。为了金钱而结婚的丈夫，为了赚钱而完全不顾道德的商人，贪财的公职人员……都是长子继承制的受害者。这种制度本身就是不公平的，需要被改善的。因为长子是亲生的，其他孩子也是亲生的，应当一视同仁，而不应该让长子独享家里的财产。"这是戈尔太太的观点。

　　戈尔太太说明了一部分的问题，却没有看到事情的全部。对金钱的渴望并不只存在于像英国这种君主制的国家，或者思想传统的人群。在很多支持民主的人群里，或者在共和制政体中，这种现象也同样普遍。因此，我们几乎可以得出这样一个结论，那就是对钱财的渴望和实行什么政体无关。高利贷者老卡图做的是暴利的奴隶买卖。他专门买一些瘦弱的年轻奴隶，等他们变得强壮以后，再转手卖个高价。这当然是出于对金钱的渴望。布鲁图斯是个名人，很多人都尊敬他，他也是赚钱的一把好手。他曾在塞浦路斯放贷，利息高达百分之四十八，这足以说明他很想借此赚钱。华盛顿虽然为全美国争取到了自由，却从没想过释放自己的奴隶，而是把他们都留给了妻子。甚至于，纽约市政府的腐败和徇私枉法，也是有目共睹之事。人们普遍渴望钱财，这是事实，也可以被理解。

当然，并不是所有人都那么重视金钱，萨拉丁大帝就是很好的例子。作为叙利亚、阿拉伯、波斯和美索不达米亚的征服者，当时最伟大的军事家，他拥有一般人根本连想都不敢想的财富和权力，但他却一点都不在乎这些。关于死后的事情，他是如此安排的——把一大部分财产分成三份，分别留给伊斯兰教、犹太教和基督教的信徒，因为他希望他们能为死去的自己祷告。他还希望一个士兵用长矛向大家展示他临死前穿的衣服，并且告诉大家："看看，这就是皇帝的遗物！他东征西战，权倾一时，拥有无数的财宝，死前也只穿了这么一件衣服！"

堂·何塞·萨拉马尼亚也非常明白金钱的价值。这位西班牙最大的铁路承建商在格拉纳达大学上学时，吃穿都很朴素，学习却很用功。毕业后，他先是投身新闻界，后来又做了内阁财政大臣，为克里斯蒂娜女王服务。也正是在这个位置上，他充分发挥了商业才能，不仅在西班牙和意大利境内修建铁路，还先后组建了几个轮船公司，作为大股东，缔造了他辉煌的商业帝国。更重要的是，他不是那种只醉心于赚钱和攒钱的商人。除了做生意，他也喜爱文学，追求高质量的生活。他的房间里摆的都是文学家的半身像，他也经常邀请文学界和新闻界的名人来家里作客，一

直和他们保持着友好而高质量的往来。

　　萨拉马尼亚热爱生活，珍惜自己遇到过的一切事物。据他自己说，在担任财政大臣之前，他十分喜爱金钱，可是当他有了属于自己的生意，真正得到金钱后，那种激动感却并没有想象中的那么强烈。他认为，如果一个人的愿望真的得到了满足，就会陷入迷茫的境地，直到他重新拥有新的愿望。所以，那些渴求金钱的人，与其拼命地赚钱攒钱，还不如留心一下自己现在正在做的事，并想办法把它做得更好。钱可以办到一些事情，却绝不能让人变得永垂不朽。只有真正完成了一些能被称作事业的东西，才真正会被人们记住。罗斯柴尔德的出名并不是靠钱买到的。而像莎士比亚、但丁这样的文学家，更谈不上是富人，甚至大部分还很贫困，但是他们却因为他们的思想，受到了全世界人们的尊敬。人们从来只会为伟人塑像，而不是富人。这也是为什么那些只会赚钱的人从来都不会得到人们追忆的原因。

　　确实，并不是越有钱越觉得幸福，很多时候，财富和幸福之间还会呈现一种相反的情况。对于大多数人来说，最幸福的体验，不是在拥有财富的那一刻，而是摆脱贫穷、追逐财富的过程。为了得到更加舒适的生活，让自己变得独立而强大，他们努力赚钱，努力攒钱，同时又必须控制自己远离享乐。在这个过程中，他们的心灵得到了滋养，能力得到了提高，生活条件得到了改善。同时，他们的努力也为社会作出了贡献。威廉·钱伯斯，这位爱丁堡的出版家，在年轻时就有过这种体验。

　　"那几乎是我一生中最快乐的时光。直到现在我都为不能再经历一次那样的生活而感到遗憾。那时候,我住在一个小阁楼里,穷得身无分文,只是安心学习,却仍然每天过得很开心。说实话,比我现在坐在舒适的客厅里都要开心得多。"

很多伟人都经历过一段贫穷的日子,如果他们没有那么一段经历,也许就做不出那样的成就。如果一个人不畏艰辛,即使在困境中也能保持乐观向上的精神,时刻具备奋勇向前的勇气,敢于想办法改变自己的现状,最后当然就会有所成就。因为历史足以证明,穷人远比富人更容易拥有良好的品质,只要他并不觉得贫穷是一种可耻的事情,并且愿意在贫穷中依然保持自己高尚的品性。从这个角度说,贫穷远比富有更有可能激发人的智慧,磨砺人的道德,振奋人的精神,虽然这种积极作用并不会体现在所有人身上。有人曾经说过这样一句话,贫穷并不会导致任何痛苦,人之所以会觉得痛苦,问题在于他们本身。一个贫穷而诚实的人像一个富有而诚实的人一样值得尊敬。因此贫穷和痛苦根本就是两回事。更何况,大多数人之所以会陷入贫穷,都是因为行事无度,不能很好地平衡欲望和财富之间的关系。如果能做好这一点,他们根本不会沦为穷人。或者说,他们就算不是很富有,也会生活得幸福快乐。物质上的贫乏并不可怕,反而会激发人的斗志,激励人去奋斗,精神上的贫乏最可怕,因为它会使人们甘于贫穷,甚至会满足于只做个乞丐,每天得过且过,混吃等死。

很多时候,金钱给人带来的不一定是幸福,而是更重的负担。穷人总会觉得富人过着骄奢淫逸的生活,却看不到富人为了保住金钱而付出的代价。生活就是这样,想要得到一些东西,就要付出相应的代价。穷人往往只看得到自己付出的代价，看不到富人每天的担心——他的巨额财产会使他成为众人觊觎的对象。他可能会被绑架，被勒索，他的身边总会围着一群想和他借钱的人而他又不能拒绝。在约克郡有这样一种明智的说法：钱多了花得也快。确实如此，如果富人无法很好地管理自己的财富，非要从事投机生意，想碰运气，不仅有可能在短时间内失去大批财产，精力也会消耗殆尽。如果还不及时收手，非要和运气较劲，就会钻进牛角尖里，陷入无休无止的焦虑和痛苦中，吃不下饭，睡不着觉，很快就会生病。在这一点上，上帝是公平的。从哪里得到的，就要从哪里失去。过于贪心的人，从来都会败给自己的欲望。

4.不要让慈善助长懒惰之风

　　人们通常只想拥有财富，却不知道想要拥有这些财富，需要经历什么风险，解决多少危机。丹特泽革公爵曾经和别人有过这样一段对话。那人是他的朋友，非常羡慕他能拥有这样富丽堂皇的房子、家具和花园。于是，丹特泽革公爵这样对自己的朋友说："我可以把一切都给你，只要你答应一个条件。"

　　"什么条件？"朋友好奇地问。

　　"你站在离我20步远的地方，然后我向你开100枪。"

　　"你疯了吗？我才不会同意！"朋友惊讶地说。

　　"既然这样，你就不用羡慕了。"公爵说，"别人至少向我开过1000枪,并且每次的距离最近只有10步,这就是我为了拥有这一切所付出的代价。"

这就是现实。想要创造财富,就要艰难地打拼,也只有这样得来的财富才足以令人珍惜。马尔伯勒公爵很富有,死后留下了多达一百五十万英镑的财产,这都是他在战争中用生命换来的。因此,他花得小心谨慎。据说,在有一次军事会议上,他竟然因为仆人同时在帐篷中点了四根蜡烛而恼怒。斯威夫特也这样评价他:"我敢打赌,不管在战斗中遇到什么事情,他绝不会丢弃随身行李"。事实确实如此,有一次,为了节省六便士的车费,在巴斯,生病的马尔伯勒公爵竟然坚持不坐车,而选择一路步行回家。尽管如此,马尔伯勒公爵并不是个吝啬鬼。当一个年轻士兵主动要求执行任务时,公爵慷慨地给了他一千英镑作为奖励,有力地证明了他是个称职的将军。在博林布鲁克眼中,马尔伯勒是个不折不扣的伟人,几乎没有任何弱点。

就算没有很多财产,只要能保持高尚的品德,也没什么值得羞耻的。诚实和尊严永远是比财富更重要的东西,当一个人富有的时候,想要做到诚实和自尊很简单,当一个人贫穷的时候却不一定,如果一个穷人能做到爱惜自己的品德,那么也就更值得被夸耀和赞美。

什么样的人才是穷人?并不是一无所有的人,而是无法独立生活,只能依靠别人生存的人。一个用自己双手养活自己的人,即便没有多少积蓄,也不能算是真正的穷人。因为他过得问心无愧,自由而快乐。真正的穷人,是那些懒于工作的寄生虫。如果

金钱与人生

依靠别人，哪怕过着很好的日子，他也不过是个穷人，正像孟德斯鸠说的那样，一个拥有工作能力，并且愿意用工作这种方式去赚钱的人，比那些什么都不会做，或者不想工作，却拥有很多财富的人要富有得多。前者早晚会变得富裕起来，而后者早晚会变得穷困不堪。

虽然有时候穷人过得要比富人快乐，但是没人愿意真的过着那样的日子。虽然有些贫穷日子是快乐的，但是并不是所有贫穷日子都是快乐的，更不是所有人都能欣赏那种贫穷所带来的乐趣。大多数人想要生存，都需要一定的物质基础。从穆尔那里，我听过这样一个故事——从前有一个骄奢淫逸的国王，因为日子过得太好，每天都觉得无聊透顶。他很不开心，为了变得开心起来，他派人去找出一个世界上最开心的人，希望知道对方开心的秘诀。并且，他交代使者，要把那个人的衬衫带回来给他看。使者遍寻各地，终于找到了一位爱尔兰人。这人每天唱歌跳舞，特别开心。可是，使者根本没法把爱尔兰人的衬衫带回去给国王看，因为他根本穷得连衬衫都没有。

其实，人活得开不开心，和拥有多少财富的关系并不大。甚至于，上天在分配开心和财富这两样东西的时候，采用的原则也有共通之处——有些人很容易开心，有些人无论如何都不开心。有些人拥有的财富多，有些人拥有的财富少。看上去，这很不公平，可是这种事本来就不公平。有位哲学家说："富有容易导致空虚，贫穷容易导致谎言，让贫穷和富有都离我而去吧。它们都不是我想要的，我只想过我自己的生活。"

财富能带给人的好处其实并不多，这其中还不包括对善恶的分辨。这是蒙田的观点。确实，精神财富比物质财富重要得多。世间的事情，大多是精神在起决定性作用，而不是物质财富。大卫·休谟则认为，每年一千英镑的收入并不比天生知足更珍贵。

英国向来是个乐善好施的国度。这里从不缺资源，并且这些资源总会被很好地利用。这种现象曾经让基佐先生感到惊奇和佩服。确实，当外国人看到英国那些由民众自发兴建的公共纪念物时，十有八九会心生赞叹。但是，这只能说明一部分问题。在英国本土慈善家眼中，做慈善并不一定就能为社会带来好处。如果不能有一个好的把控，合理地支配钱财，甚至还会给人带来坏处。以伦敦为例，这里的慈善机构很多，每三个伦敦人里面就有一个要接受这些机构的帮助，可是这些人接受了帮助以后，生活状况并没有起到根本的改善，不然伦敦早就不是现在这个样子了。

无数事实证明，慈善机构如果想要募集钱财，从来都是一件容易之事。毕竟只要他们愿意，总会拥有一长串的捐助名单。很多有钱人，至少在英国，都很愿意把自己的钱财分给穷人，他们认为这是一种责任和义务。可是，从金钱和物质上帮助穷人并不能算是真正的仁慈。人们更需要做的是换位思考，切实站在穷人的角度去考虑，急他们所急，想他们所想，而不只是简单粗暴地扔给他们财物。如果真的只是那样做，穷人们可能会变得没有自尊，优良的品行也会逐渐被腐蚀掉。这种伤害无疑是巨大的，因为这种行为本来出自好意，最后却酿成了不可挽回的罪恶。穷人们虽然一时得到了物质上的帮助，却没有从根本上解决他们面临的问题。久而久之，他们会觉得只要等着别人施舍就行了，自己完全不用努力争取什么。他们甚至会觉得别人帮助自己是理所应当的事，也不会心存感激。其实，我们更应该让穷人靠自己的努力去改变生活，让他们认识到自己的力量，这才是更好的方法。

有人觉得，如果想解决目前伦敦存在的种种问题，只要每年用三百万英镑去救济穷人就行了，这简直是毫无道理的看法。我们每年花在这方面的钱非但不少，反而有越来越多的趋势，可是问题不仅没有被解决，反而越来越严重。当然，这些钱确实产生了一点作用，因为它解决了一些穷人的燃眉之急，可是那些由之衍生出来的问题也确实存在，并且这些新问题没法再通过救济穷人去解决。如果通过别人的施舍和捐赠就能获得轻松舒适的生活，谁还愿意去努力工作，勤俭节约呢？如此下去，穷人们尝到的甜头越来越多，也就会变得更加厌恶付出，游手好闲，只想不劳而获，不愿创造价值，这会导致一种可怕的反差。毕竟，没有人的钱是随随便便就能赚来的。想要积累财富，当然要勤勤恳恳地工作，尽量节俭地生活。现在，那些仁慈的捐赠者把自己辛苦积攒的财富分给穷人，穷人们却不珍惜得到的东西，只知道随意挥霍。这不仅违背了捐赠的初衷，也根本达不到慈善的效果。所以，如果只是一厢情愿地捐赠，不考虑前因后果，也就不是在帮助穷人，而是在毫无意义地纵容他们，更会让他们失去自立的资本，养成种种令人厌恶的恶习。确实，"因为过度行善而变得罪恶，因为过度虔诚而导致亵渎，因为过度聪明而做的蠢事，都不如因为过度仁慈导致的残忍。世界上的聪明人不少，但他们的时间和精力总被浪费在弥补那些所谓仁慈的人犯下的错误上面。"这是一位作家说过的话。

事实也正是如此。如果真的让那些无所事事的懒汉轻而易举就得到别人的馈赠，还因此过上了幸福的生活，却让勤劳工作的人不得不为懒汉交济贫税，无异于拿勤奋工作的人的收入去奖赏懒汉。这样下去，也就相当于嘲笑劳动，奖励懒惰，如此，谁还会愿意老老实实地工作呢？这样的慈善事业，又能对社会产生什么好处？恐怕只能让社会风气变得更差吧。

5.要做真正的慈善

"公共慈善事业的一部分弊端在于，在某些人看来，它相当于对懒惰和挥霍的变相奖赏。这是对人们盲目慈善的一种教训，也是对智慧的嘲笑。这种现象告诉人们，只有同情心是不行的，而盲目的慈善更会败坏一个国家的品质。很多人致力于公共慈善事业，并不是真的想帮助人，只是想满足自己的骄傲心理，从而觉得自己高尚得像个贵族。"这是已故的利顿勋爵的看法。

"很多穷人会认为自己领取救济金是理所当然的，谁让他们那么穷呢？穷人应该被富人帮助。可是在拿到物质财富之后，穷人只会放纵欲望，挥霍享受，这种慈善有什么价值呢？做这种慈善的人，根本不是真正的慈善家，因为他们没有让穷人真正地拥有财务自由，实现独立，所以从根本上来说，他们并没有消除贫穷和不幸，反而使恶习更加旺盛地滋生。如果人们都向伦敦某些教区的妇女传教协会学习一下就好了。她们也做慈善，但是她们不是只给穷人钱物，而是从根本上关心穷人的生活，让他们能够活得更加独立而有尊严，让他们能够坚持那些美好品质。归根结底，做慈善本身是没有任何问题的，尤其对那些社会地位高的女人来说，如果愿意参与到这项事业中来，更有可能起到事半功倍的效果。"斯通说。

这种组织其实一直存在，并且在近年来越来越多。这些组织中的人发挥了最高层次的博爱精神，用更高级、更冷静、更仁慈的方式去做慈善。他们致力于帮助人们生活得更好，获得真正的幸福和尊严。比如从改善穷人的居住条件、洗浴条件等方面入手，倡导人们勤俭，鼓励人们过一种高瞻远瞩的生活。他们怀有很好的动机，也取得了不错的收获。由此看来，这种方式很值得发扬。

自古以来，为了能在最大程度上净化自己的灵魂，富人通常会拿出自己的一部分财产建济贫院、医院、学校，或者干脆把这些钱直接分发给穷人。现在，很多人也还是在这么做。但是，只这么做肯定不合适。钱财的脾气很奇怪，如果不好好处理它，就会引起更大的麻烦。我听过这样一件事，有个大富翁弗格森，住在埃尔温，他并不是吝啬爱财的人，因为他很清楚死后什么都带不走。不过他并不擅长处理遗产，最后在别人的帮助下，他是这样处理自己的财产的———一部分留给亲戚们，一部分捐给教会。这本来是个不错的决定，可是亲戚们拿到那些钱后都做了什么？

很多人都变得贪图享乐，厌恶工作，每天沉溺于喝酒作乐，甚至有一些因此而失去生命。他们的名声也变得越来越坏，没有人愿意和他们在一起，更别提尊敬了。如此看来，这些遗产并没有给人带来任何好处，反而使他们过得越来越糟。在弗格森的遗产中，只有一小部分确实发挥了好的作用——人们用这笔钱设立了三项奖学金，用来帮助那些穷困的学生。

史蒂芬·吉拉德，一个美国富商就聪明得多，他切实地用自己的言行践行了真正的慈善。他的出身并不好，从小无父无母，也没什么亲戚，几乎没受过教育，最初只是在船上做服务生。可他懂得攒钱，很快有了些积蓄，上岸做了店主，过上了比从前好得多的生活。随着年纪渐长，他搬到纽约沃特街，和波莉·卢姆结了婚。虽然两人婚后生活充满矛盾，他为之烦恼，但并没有因此而荒废事业，依然像从前那样勤俭。人到中年，他终于买了自己的帆船，开始回到海上做生意，往返于纽约、费城和新奥尔良之间。他梦想成为富翁，一天到晚除了做生意什么都不想。最终，他实现了自己的梦想，还搬到了费城定居。虽然他在家庭生活中一直谈不上快乐，因为他的妻子并不算十分贤惠，但这并没有影响到他对别人的关心。他确实是个仁慈的人。1793年，费城流行黄热病，死了成千上万的人，医院里的病人天天爆满，护士却一天比一天少。黄热病的传染性非常强，死亡率也很高，看护黄热病人无异于自寻死路。随着疫情的扩大，情况越来越糟糕。但这位美国富商却做出了这样一个伟大的决定——担任一家公立医院的主管。在助手彼得·海姆的帮助下，吉拉德一上任就发挥了超常的组织能力和商业才能，致使他的工作异常顺利。在他的领导下，每个病人都得到了应有的治疗，更多时候，他也非常愿意亲自出马照看病人甚至送走死者。就这样，没过多久，医院里就重新变得整洁有序起来，街上的情况也大大得到了改善。随着疫情被控制，人们重新恢复了热情，而且比以往更认真、更节俭地生活。这件事之后，吉拉德和海姆并没有留在医院，而是回去做了自己的老本行。

如今，每个去费城贫民窟参观的游客都会听到这样的话："史蒂芬·吉拉德和彼得·海姆，在黄热病流行时期，得知如果医院里没有合适的主管，病人就得不到合理的救治，便自告奋勇地进了委员会，做了主管。在这个岗位上，他们做出了卓越的贡献。这完全是出于同情心和责任感，在这种伟大的感情之前，无论什么语言都会失去光彩。"

吉拉德如此热心公共慈善事业。他出钱为穷人们盖了一批漂亮的房子，建了一所大学、一个图书馆和一所孤儿院。他特别关心孩子们，也很注意对他们的教育。在吉拉德学院里，人们还专门为他留了一个房间，里面保存着他的作品和其他一些物品。不过这些物品都是随意摆放的，没有经过专门的整理。其实房间里也没有太多东西，只有他用过的箱子、书架、一些陶器和照片。他的绑腿和背带也在那里，看上去很老了，被放在书架上。

正是这些看起来平凡的东西，共同组成了一个不平凡的故事。

6.发自内心地帮助穷人

作为伦敦的一名书商,托马斯·盖伊并不擅长做生意,但他运气不错,通过买卖股票赚了几十万英镑,虽然后来因为公司破产赔了不少钱,但他还是用剩下的钱建了一座医院。其实,在此之前,大家一直都认为他是个吝啬鬼,根本没想到他会这么大方。但他确实对慈善事业一直很感兴趣,也很舍得花钱,他投资兴建的那所医院于1724年竣工,后来成了伦敦的一流医院,彼时,他已经离开人世很久了。

他还在塔姆沃斯建过济贫院。虽然里面只有不到20人,但每年盖伊都要往里面投很多钱。盖伊本人就是塔姆沃斯人,在家乡,他见过很多穷人无家可归,忍饥挨饿,不得不忍受糟糕的居住环境和卫生状况。一到冬天,过得更是悲惨。也正因此,他才建了这所济贫院,后来还在院里建了图书馆。

苏格兰人做慈善的方式,主要体现在兴建医院上面,当然,这些医院的教育职能大于医疗职能。一般来说,医院会以出资最多的人的名字命名。比如,西尔略特医院就是由乔治·西尔略特创建的。随着医院的规模越做越大,爱丁堡新城也建了起来。可以说,没有西尔略特医院,也就不会有爱丁堡新城。目前为止,已经有将近四千人在类似的机构里接受教育。除了西尔略特医院,还有乔治·沃森医院、约翰·沃森医院、考文医院、斯图尔特医院、唐纳森医院和一座儿童医院外加两座妇女医院,都是主要以教育苏格兰儿童和青少年为目的建立起来的医院。菲特斯医院也是这种性质,它最近才建好,看起来很壮观。在这些医院以外,马德拉斯学院(由神学博士安德鲁·贝尔赞助兴建),美元研究所(由约翰·麦克拉特兴建),还有迪克遗产委员会都是人们捐资兴建起来的教育机构。所以,我们完全可以说,爱丁堡就是在教育捐赠的基础上建立起来的。这些捐赠起了很大作用,尤其在提高阿伯丁、莫雷、班福这些地区的公立学校教育水平、教学质量以及校长素质方面。剑桥大学可以证明这一点,因为那里的优等生大多来自上面这几个地区。

最近,英格兰人也开始向苏格兰学习。在众多机构中,利物浦博物馆、利物浦图书馆、曼彻斯特的欧文学院、伯明翰科学学院(由约书亚·梅森爵士创立,以向年轻人传授"普遍、准确、实用的科学知识"为宗旨)比较出色。约瑟夫·惠特沃斯还设立了一项专门用于技术教育的奖学金,每年资助最出色的30名学生每人100英镑。这都是不错的举动,如果更多人能够行动起来,情况就会变得更好。毕竟,对于任何人来说,活着的时候展现他的善心,都比死后不得不捐赠遗产要仁慈得多。

在这些充满善意的人中,有一个人必须要被提及,那就是帕博德先生。他是一位美国银行家,一生做过很多善事,如果一件一件都说出来,恐怕就可以单独写成一本书了。因此,在这里,因为篇幅的关系,我们只能大概提一下他的事迹。正是他最早发现了伦敦工人糟糕的居住环境,并做出了有效的措施,对之进行改善。他为穷人们盖了很多房子,还建立了各种互助组织,用于解决穷人们没钱看病的状况。在他的带领下，以西德尼·沃特卢爵士为代表的另一群人才纷纷意识到这样做的好处，并开始效仿他。随着住房条件的改善和生活质量的提高，工人们更少酗酒了，道德水平也逐渐提高了。在伦敦，无论是穷人还是富人，都对这一现象感到满意。而这一切，毋庸置疑，都是这些仁慈的人不断努力的结果。

事实上，这些怀有善意的人并不一定很有钱，甚至可以说，他们也都各自有过一段艰难的日子。他们之所以帮助别人，靠的并不只是钱，更多的是勤俭、自制和善心。约书亚·梅森虽然是爵士出身，却没有什么财产。为了生活，他先后做过小商人、鞋匠、裁缝、银匠等数十种不同的工作，约瑟夫·惠特沃斯也是如此。他最初不过是一个技术人员，受雇于克莱门特先生，至于那位可敬的美国银行家，一开始也只是一个小职员，通过日久天长的不懈努力，才最终成了银行家。

不过，做慈善从来不是一件容易之事。可以说，它和这世界上的大多数事情一样，想起来或者说起来容易，做起来却很难。不是每朵花都会结出果实。很多人都曾经雄心勃勃地想做慈善，可是当他们在真正执行的时候，一旦遇到阻碍，就开始放弃了。爱伯罗先生就是这样一个例子。他是著名的铁路承包商，在承建工程的时候，他看到了很多不幸的事件——很多工人在施工过程中，发生了各种意外——骨折、外伤、脱臼等事件数不胜数，还有一些人甚至失明或者失去了手脚，造成了终身的残疾，也从此失去了工作的能力，完全没法养活自己。这些情况在修建曼彻斯特、谢菲尔德和林肯郡铁路的时候时常发生。爱伯罗先生有感于此,想要帮助这些可怜的工人,让他们尽量生活得好一点,于是就四处奔走,希望建立一个"工人之家"。

　　本来,这是一个非常不错的计划。但是,很少有人愿意认同他的看法。那些有能力资助他的人,都不觉得这些工人冒着很大的风险在辛苦工作,而是觉得工人们得到这种下场完全是咎由自取。他们认为大部分工人都酷爱挥霍浪费,不懂节约,一赚到钱就忙着挥霍,平时只是沉醉于喝酒之中,一点都不知道应该如何管理财产。如果他们能长点脑子,用不着别人帮助,也能过上很好的生活,毕竟他们的收入并不低。但是,他们并没有那么做。既然如此,别人为什么要帮助他们,为他们的愚蠢负责?就算他们晚年的时候无依无靠,无处可去,不是还有养老院吗?别人为什么要多管闲事呢?就这样,在大多数人反对的情况下,"工人之家"最终未能成立,整件事也就成了泡影。

第十四章　健康是最宝贵的财富

●只有家庭能够真正保障文明。

　　　　　　　　　　　　——狄士累利

●穷人只要保持整洁，也可以做到高雅。

　　　　　　　　　　　　——英国谚语

●美德和污秽从来不会在一起。

　　　　　　　　　　　　——康特·兰福德

●如果被太多的仆人服侍，就会像生长于温室中的植物一样，柔柔弱弱，不堪重负。

　　　　　　　　　　　　——乔治·赫伯特

1.财富的基础在于健康

财富固然是众人追求的目标,但只有当一个人拥有身心健康时,财富才能最大化地发挥它的价值。从这个角度说,健康并不只是财富的基础,更是人生于世最大的、也是最珍贵的财富。想取得财富必须要通过劳动,不管是体力劳动还是脑力劳动,所以身心都必须保持健康。获得财富是这样,享受财富也是这样。如果一味赚钱、攒钱,不去花钱,钱也就间接失去了价值。可是,想要快乐地花钱,必须要有一个健康的身心。任何快乐都是以感官为基础的,如果某一个感官不能恰如其分地发挥自己的作用,必然会失去相应的快乐。只有感官和财富恰到好处地结合起来,才能享受到无上的快乐。否则,就算拥有数不胜数的财富,生活也会变得非常无聊。同时,懂得享受乐趣也能让一个人活得更加长久。正如索思伍德·史密斯博士所说:"生命的价值就在于享受乐趣,想要延长生命,必须要学会享受乐趣。一个幸福的人更可能拥有长寿,一个不幸的人更容易短命。"健康意味着幸福,病弱则意味着不幸。尽管有时候,很多伟大的事迹和思想都产生于病弱,病弱也有助于锻炼人的意志,让人更加积极向上,但这明显不是一种最佳方式。

想要享受幸福,也要遵循一定的法则。这种法则是浑然天成的,是大自然赋予我们的天性。人们应该变得理性起来,尽量去遵守它们。否则,人们就会不得不喝下自己酿下的苦酒。想要长期保持健康，过得舒适，就不能暴饮暴食，只吃不动或者沉迷醉乡，纵欲过度。这样只能让人得病，不能给人幸福。

在个人层面上是这样，在社会层面上也是这样。比如，城市不仅是人们的聚居地，更是一个有机体。如果不注意环境卫生，垃圾遍地，污水横流，空气污浊，就会疾病流行，甚至爆发大规模的瘟疫，这是违反自然规则的后果，也是人类造成的祸患。如果人们能够提早注意这些，从自身做起，从小事做起，很多悲剧就会得以幸免。

一般来说，比较拥挤的地方，环境都不会好到哪里去，尤其是空气。如果空气长期得不到流通，必然会变得不再纯净。人们吸入这样的空气，对身体肯定没什么好处。所以，想要有一个健康的身体，必须呼吸到干净的空气。一个人长期吃不饱可能会得病，但这种病不会比长期呼吸不到新鲜空气造成的后果更加严重。青少年每天都需要大概600立方英尺的新鲜空气，如果这些空气被严重污染，他们就会感觉很不舒服，如果这些污染的空气集聚在一个封闭狭小的空间里，有些孩子甚至会因此窒息。很多被关在印度监狱中的英国士兵正因为长期呼吸不到新鲜空气而病死。在一些空气严重污染的工业城市，婴儿的夭折率相当高。由此可见，一个人想要生活得健康，肯定离不开新鲜空气。从前有个水手得了热病，很严重，马上就要死了。其他水手见状，就想把他抬到甲板上，省得他死在船舱里。可是，谁都没有想到，被抬出来后，他非但没有死，病情还得到了改善，最终恢复了健康。这个故事足以说明，想要保

第十四章 健康是最宝贵的财富

持健康，新鲜的空气是多么重要。

　　导致热病的一大罪魁祸首正是肮脏的空气，而且青壮年更容易被感染。热病的死亡率也很高，据利物浦的数据统计，每年有大约7000人患热病，其中有500人会病死。这些青壮年往往是一个家庭的主要经济来源，他们一死，就会留下很多孤儿寡妇。孤儿寡妇没有劳动能力，只能靠社会救济生活，也就成了社会的一大负担。在兰开夏郡，情况也很糟糕。每年，包括热病在内的各种疾病导致的死亡，直接造成了数百万英镑的损失，这是普雷菲尔博士调查研究发现的。由此可见，正像索思伍德·史密斯博士所说，热病已经成为各个市镇最大的负担。以上的统计，还仅限于物质方面，热病对人类精神的损害更难以估计。可是，如果人们稍加注意，并尽力改善环境，这些问题都可以被避免。

　　然而，随着工业的迅速发展，环境污染越来越厉害，英国各地几乎无一处幸免。那些曾在诗歌中出现的"平凡却快乐的乡村小伙子"和"温和的牧人"早已不见，取而代之的是林立的大工厂和高速旋转的织布机。优美的时代和美丽的神话离人们越来越远，并且再也不会回来。铁路在建设，公共卫生一直在改革，可是收效甚微。人们甚至早已忘记那些安详而简单的日子，或者怀疑那些日子到底是不是曾经存在。或许，它们只存在于诗人的脑海里？哪里还有田园生活？剩下的不过是一篇又一篇的政府报告。那些关于过去日子的美好回忆，只保留在尚未被工业吞噬的农夫的日常里。他们生活在乡村里，住着破旧的小木屋甚至是更为破烂的茅草屋，过着极为简单朴素的生活，把做饭用的锅和洗漱用的水杯随意地和铁锹扔在一起。可是就连报纸都不会报道这种生活,普通的城市居民也不会觉得这种生活有多么美好。

对于一般人来说,他们对于乡村的印象,并不是美好。他们认为那是乞丐们的窝点,是脏乱差的代名词。也正因此,某位议员曾经骄傲地宣布——他毁了大概30座村庄。他的理由是,如果不这么做,那些私奔的年轻人就都会藏在那里。很多村庄正是这样被毁坏的。而原本住在村庄里的农夫,不得不离开自己的土地,带着一家人住进济贫院。可是济贫院里的生活也不见得有多好,于是这些无家可归的人只好涌入城市,想找一份工作养活自己。就这样,他们被卷入工业的洪流中,从自给自足的农夫变成了一无所有的工人。

可是,这些工业城市并没有准备好相应的配套设施,用以服务这些新来的工人。空气很差,卫生条件糟糕,管理也不高明,很多地方都需要改善。然而这些工人只能承受这种后果,因为他们早已无家可归,流离失所。在这里至少还能活着,在乡村却连土地都失去了。于是,越来越多的农夫开始涌入城市,并且那些尚以农业为生的人们,有很多竟然还发自内心地羡慕他们,觉得他们是"农夫中的骄傲"或者"村庄的未来",完全不知道这些可怜的人在城市中过的到底是怎样一种生活。

这些闯入城市的农夫,因为没有受过什么教育,精神世界异常匮乏,在很多事情上都显得非常愚蠢。很难说他们到底是更缺钱还是更缺智力。穷人,不管是住在西部偏远的小镇里,还是住在伦敦东部的贫民区里,展现出来的样子总是惊人的相似。

2.人才来源于健康的家庭

即使是最开化的民族,在它发展之初,也免不了要经历一段艰辛的生活,可能比猪也好不了多少。这是西尼·史密斯的看法。这句话听起来不太好听,却从一定程度上说出了事实。对于民族来说是这样,对于个人来说也是这样。人在一开始和动物确实没什么区别,想要和动物有区别,就离不开环境的影响。因此,一个良好的家庭对孩子的成长起着至关重要的作用。这世界上最好的学校就是家庭,每一个人的成长都离不开家庭的教育。一个人的智力程度、人品和道德,都是家庭教育的结果。简单来说,也就是高尚的家庭能教出来高尚的孩子,恶劣的家庭更容易教出来恶劣的孩子。一个整洁的家庭教出的孩子通常也是整洁的,一个堕落的家庭教出的孩子更难以积极向上。

家庭环境奠定了一个孩子的性格基础。学校只能对他产生影响,很难进行彻底改造。不管是多好的学校,让孩子学到了多么丰富的知识,也难以从根本上消除家庭对他造成的深远影响。因此,想要教育孩子养成良好的性格,学校不是决定因素,家庭才是。

家庭不只是吃饭睡觉的所在,更是生活的重点。人们最初的自尊都是从家庭中获得的。健全的人格产生于和睦的家庭中,在这种氛围下长大的孩子,更不易做出危害社会的事情,甚至连这种念头也不曾有过。所以,想要教育好孩子,就要营造一种良好的家庭氛围，让家庭成员生活舒适。而这种整洁、和谐、高雅的氛围的创造，必须需要一位懂得勤俭、明白事理的女主人。国家由家庭组成，家庭又大都由女主人决定。因此，想要让国家得到发展，社会得到进步，每个家庭都生活舒适，必须提高女主人的素质。只有让她们受到足够的教育，她们才能够胜任未来需要面对的妻子、母亲、女主人等多种职责，而不至于手忙脚乱，把一切搞得乱七八糟。

可是，到目前为止，我们在这方面做得远远不够。哪怕是上层阶级，也很少这样教育他们的女孩，他们只会让孩子学习一些华而不实的技能。劳工家庭也就更不用说，他们只会让孩子和他们一样进工厂工作，很少会考虑让她们接受教育。因此，从这个角度讲，英国的未来实在堪忧。

女人的素质不高，男人们也有不可推卸的责任。他们向来只看得到女人的外表，很少注重她们的品性和内在。一个漂亮女人总比一个聪明女人更受欢迎，等男人终于认识到自己的失误时，通常已经是婚后了。面对糟糕透顶的家庭生活，他们会迅速认识到自己的愚蠢——如果一个女人无法照顾好自己的家庭，长得再漂亮也没什么用。甚至，她还不如长得普通一点更好，这样至少不会招蜂引蝶，带来更多的麻烦。如果这样的事情真的发生了，首先被影响的就是他们的孩子。父亲不是一个聪明的父亲，母亲也不是一个聪明的母亲，父母都无法很好地照顾这个家庭或者孩子，这个孩子长大后，又怎么会明事理，顺利组建属于自己的新家庭？

金钱与人生

很多劳工都过着混乱不堪的日子，赚钱多的是这样，赚钱少的也是这样。男主人赚了钱，只会喝酒享乐，从来都不想改善自己的家庭，为妻儿营造一个更好的环境。女主人也十分缺乏管理家庭的才能，只会把事情搞得一团糟。因此，在他们家里，看不到任何整洁体面，到处都是混乱与肮脏。长期在这种环境下生活，人们身上怎么还会产生自尊、机智等优秀的品质？恐怕只有疾病、痛苦和死亡和他们如影随形。这种环境对人的伤害是巨大的，就算是一个最伟大的哲学家，在这种地方待久了，和动物也不会有什么两样。

有收入时，他们不懂得如何管理手里的财富，只会挥霍浪费，不去改善自己的生活，而实际上这些钱正是他们用健康和身体换来的。随着时间的流逝，他们的身体越来越差，工作也越来越难找，最后只能求助于慈善组织。当慈善组织也无能为力时，他们就会变得一无所有，走向死亡。这种糟糕的结果产生于糟糕的环境和糟糕的习惯，而一个破落的家庭常常缺少健康和欢乐，如果一个社会的大部分家庭都是如此，社会就会走向混乱，从而产生更多的不幸。患病的人越来越多，走投无路的人越来越多，长此以往，会有更多的人依靠毒品和酒精去麻醉自己，最终陷入绝望的深渊。

对此，有人做过这样的辩解，说工人们在住房上并不想花太多钱，因此只能住一些便宜的，环境极差的房子。这正是他们需要的。如果他们真的忍受不了这种条件，大可以多花一点钱，让自己住得好一点。如果大部分人都是这么想的，肯定有很多房产所有者愿意为他们提供这样的住房。问题只在于，工人们，或者大多数人都是这样，不能花着很少的钱，住着很好的房子，这是不现实的，不符合经济规律的，想要住更好的房子，就要花更多的钱。所以，想要解决这个问题，只能靠工人自己。而且，很多雇主或者慈善家，像伯迪特·考特斯太太和帕博德先生，都已为此做出过很多努力，在一定程度上让工人们住得比以前更好。但是，想要从根本上解决这个问题，还要工人们自己行动起来。大部分工人觉得，花少点的钱，住在一个环境差一点的地方是节省的行为，但是如果长期住在那种地方，难免会生病，生病又会导致无法工作，损失工资，这些钱加在一起，足以让他们换到一个更好的地方去了。毕竟，每周只要多花6便士，居住环境就会大不一样。一个差的环境不仅会让人身体生病，也会影响人们的精神状况。整洁的环境能让人精神振奋，肮脏的环境会让人郁闷而不安。

其实，一个整洁的住处并不会耗费太多精力和金钱。只要人们愿意，至少在房屋内部，不管是不是干净整洁，总面积和材料都是不会变。污浊的空气也不见得就比干净的空气便宜，阳光也是一样。说到底，一个良好的居住条件，只需要一个有素质的女主人。这个女主人可以操办好家里的一切，把家变成舒适的港湾，幸福的爱巢，美德的产生地。男人在这样的环境下生活，肯定比脏乱的环境更舒心，说不定连言行举止都会不知不觉地变得高尚起来。人毕竟和动物是有区别的，动物的巢穴是出于本能建造的，人的家却是爱和智慧的集结地。它不仅可以给人慰藉和庇护，更能鼓励人，养育人，赋予人最平凡而又巨大的幸福。

3.开创公共卫生事业的伟人

人们只有掌握了一定的卫生常识，才能享受更好的生活环境。其实这一点都不难，基础的卫生常识并不需要大学教授费力讲解，也不需要某些伟人言传身教。可是，以前人们并不重视这一点。甚至于医学界本身也并不关注这个问题。一直到近年，它作为一个社会问题被提交到议会，开始被人们广泛重视，这得益于埃德温·查德威克律师的努力。他精力旺盛，卓有成就，却没有得到相应的重视。就名声而言，他甚至还比不上某些夸夸其谈的政客。

查德威克先生出身于兰开夏郡，是曼彻斯特人，曾于伦敦求学。26岁时，他立志要做一名律师，开始学习法律。他并不算才华横溢，却活力四射，充满激情，不怕困难，异常坚韧，眼光长远，一旦下定决心，就绝不退缩或者改变想法。下面，我们就来看一看他是怎么把想法变成现实的。

一次，议会的议员们开会，摩根先生，一位服务于政府的保险统计师得出了这样一个结论——如今，中产阶级的生活环境已经比以前好了很多，但他们并没有比以前寿命更长。埃德温·查德威克不同意这种说法。为了拿出证据证明自己的看法，他收集了大量数据，有些来自于政府蓝皮书，有些来自于寿命或人口统计表。他对这些数据进行了认真的审读和分析，又从另外一些地方得到了大量相当可靠的事实佐证，在辛苦的埋头研究后，他终于验证了自己的理论，纠正了摩根先生的说法，也让更多人认识到了一个真理——能拥有更好境遇的阶级，他们的寿命确实已经变得更长。

他的研究成果被发表在《威斯敏斯特评论》上，并且得到了人们的普遍认可。那是1828年4月的事情。他的观点主要有以下四点：第一点，环境会影响人的健康；第二点，如果环境变好，人的身体也会变好；第三点，很多疾病都是人为可控甚至可以治愈的；第四点，如果推广疫苗，减少酗酒，促使人们爱清洁，注重城市卫生，同时大力发展医学，人的寿命就可以得到相当程度的延长。

大约一年后，《伦敦评论》发表了查德威克先生另一篇名为《预防性的警察》的文章。著名哲学家杰勒米·边沁看到这篇文章后，对查德威克先生大为赞赏。双方由此结识，建立了深厚的友谊。杰里米·边沁非常看重这个年轻人，希望他能成为自己的助手，帮助自己完成"行政法典"的写作，并且承诺给查德威克署名权。不过，查德威克并没有答应，而是继续学习法律，不久后正式做了律师。期间，他仍然为《威斯敏斯特评论报》撰稿。

1832年，一个致力于解决当时人们非常关注的劳工问题的专门委员会成立了。它由阿斯利勋爵和撒的勒先生共同发动。图克先生、查德威克先生和索思伍德·史密斯博士共同被任命为委员会成员。经过调查，委员会认为，劳工们之所以活不长久，当然有过度劳累的原因，但是脏水和污浊的空气同样损害着他们的健康,残害着他们的身体。这一结论被写在报告中。为了解决这个问题,他们再次强调了公共卫生环境的重要性。

也就在那一年,另一个委员会成立了。这个委员会的主要任务是调查济贫法的实施状况,主要在英格兰和威尔士地区。查德威克先生被任命为助理调查员,主要负责在伦敦和伯克郡范围内活动。一年以后,他提交了一份生动形象、简明易懂、逻辑严谨、条理清晰的报告。在报告中,他不仅展现了非凡的语言天赋,更提出了很多实用的建议。这份报告引起了很多人的兴趣,哪怕是顽固的反对派,都因为这个报告动摇了自己的观点。因此,没多久,查德威克先生就变成了首席调查员。

1834年,经过赛尼尔先生的帮助,他又在这份报告的基础上重新写了一份报告,交到了议院的下议院。这份报告直接影响了当年《济贫法修正案》中的很多条款,也为二位作者赢得了无上的光荣。

尽管如今看来,这份法案着实价值不菲,但是在当时它并非很受欢迎。可是,查德威克先生并没有因此而觉得沮丧,因为他相信自己坚持的事情是正确的,原则是合情合理的。只要没有问题,他就会一直坚持下去。其实,想要被人们喜欢很容易,只要投其所好就好。然而,想要坚持真正的善举,为此不顾他人的反对和阻拦,却需要莫大的勇气。显然,埃德温·查德威克具备这样的勇气。他是一名真正的勇士。他不会为流言蜚语左右,为了坚持自己的看法,也并不在乎别人异样的目光。

最可贵的是,在一系列调查中,他的精力和耐心虽然不可避免地被消耗，却依然十分重视公共卫生问题。他明白劳工到底处于一种什么环境中，也知道他们的生活有多么艰难。他混迹于贫民窟，每天见到的都是最底层人民的生活。他看到热病、肺病和霍乱在人群中流行，威胁着人们的健康和生命，也影响着社群的发展。出于改善这种状况的想法，他才更加期望改善公共卫生环境。

1838年，有人通知查德威克先生——当时他的职务是济贫法委员会的秘书，有个地区的水池引发了一场热病，已经有几十人病死，病情来势汹汹，和某种亚洲霍乱极其相似。查德威克先生高度重视这件事，专门派了索思伍德·史密斯博士、阿诺特博士和凯伊博士前去调查。期间，这三位博士还顺便调研了一下全伦敦的城市卫生现状。

1839年，在伦敦大主教的建议下，查德威克先生又将这三位博士组成了首都卫生状况调查小组，开始调查英格兰和威尔士地区的卫生状况。夏天，在爱丁堡的强烈要求下，苏格兰也被纳入了调查范围。就此，在约翰·罗素爵士的授权下，调查小组的足迹走遍整个英国。后来，在查德威克先生的组织下，数据和案例都被妥善整理、归类、总结，准备出版成书。

1842年，第一份报告整理完毕。本来，这份报告应该以济贫法委员会全体委员的名义发表，但是有些委员担心报告中的一些言辞过于犀利，可能会触怒政府机构，不想为此承担责任，最终，这份报告仅以查德威克个人的名义发表。不过，就贡献而言，如此的结果也是理所应当。为了完成它，查德威克先生确实

付出了不少心血,做了很多艰苦、枯燥的工作。他不仅查阅了现有的文献,还从现实中找出了不少有价值的案例。除非亲眼见到,否则绝对体会不到那种艰辛。不过,这一切付出最终没有白费。报告一经发表,便引起全国轰动。可是,他自己却并不满足于此,毕竟,他把现代文明的华丽外表毫不留情地撕开,把那些恐怖的事实指给人看,不是为了只让大家震惊,而是想让问题得到一个妥善的解决。他希望糟糕的现状可以被改善,否则为此做出的一切努力也就没有了价值。报告引起了内阁的重视,甚至把以往争来斗去的敌对党派都联合了起来,一起致力于改善公共卫生状况。

1844年,又一个卫生委员会成立了。这一次,大家试图解决伦敦的城市卫生问题。经过调查,委员会提交了三份报告,准确地指出了伦敦的城市排水系统、污水处理系统和城市供水系统的不足之处。稍后,这些问题被立法解决。

1848年是公共卫生观念全面取得胜利的一年。这一年,《公共健康法》颁布,全国健康委员会成立。它的主要职责就是监督《公共健康法》的执行,查德威克先生也是委员会中的一员。在执行过程中,为了完善公共卫生原则,又补充了很多附加法案,同时越来越多的报告被发表出来,价值很大。至此,公共卫生运动走进了大众生活。

不得不说,这一切的成功,离不开埃德温·查德威克先生的不懈努力。这位致力于解决公共卫生问题的伟人理应得到所有人的敬仰和感谢。当然,他也有很多个人性格上的缺陷,比如固执己见，还是个急脾气。但是，也正因此，他才会坚持自己的原则，绝不向各种试图阻碍自己的组织屈服，也并不十分看重个人得失。诚然，这也直接导致了他的失势，然而他对公共卫生事业做出的努力，是无论如何都不可能被磨灭的。任何有看法的理性人士都会记住他的贡献。他确实得到了无上的荣誉，值得被人们永远铭记。

查德威克先生之所以能完成如此的善举，正是因为具备坚定的决心和坚强的意志。他不是立法者或者掌权者，但他做出的事却远远超出了那些人做出的事。他开创了一项惠及千秋万代的事业，推动了公益事业的进步，使公共卫生这件事真正被人们重视起来。无论从工作意义还是取得的成就来看，他都足以和克拉克森或者霍华德享有同样的地位。在所有致力于公益事业的人中，他也是最讲求实际，最有影响的人之一。

4. 为公共卫生事业而努力

什么是卫生学？简单来说，就是如何做清洁的学问。它所研究的重点，就是想办法清除四面八方的污垢，包括人体上、住宅中、街区内。从这个方面来说，它几乎是人人必备的技能，并不算一门严谨艰涩的学科。人们简直太熟悉它了，也正因此，很少有人愿意花时间和精力去专门研究它。谁不会开窗通风？谁不知道下水道需要定时疏通？谁又愿意把自己和房间都搞得脏兮兮呢？这都是常识，算不上科学。

金钱与人生

虽然总避免不了要和各种污垢做斗争，在人们的印象里，卫生学更像是一门灰扑扑的学科，一点都不光鲜，但是如果不给予它足够的重视，不把卫生搞好，健康也就无法保证。如果街道整洁，空气新鲜，病菌就很难在这个地区存活，相应地，传染病也会更少。相反，如果街道脏乱，空气污浊，病菌就会在这里大量繁殖，相应地，传染病也会更多。很多人甚至会因此病死，就算侥幸活着，寿命也会大大减短。这都是不注意卫生和健康带来的严重后果。大家都知道伤寒很可怕，每年得伤寒病死的人比在滑铁卢战役中死的人还要多。一位医生说："上帝想要惩罚无视卫生的人们，所以创造了伤寒。"可是，实际上，伤寒不难预防，如果稍微注意一下卫生，根本不会得上这种病。其实，大部分疾病都是这样，它们损害人的健康，侵蚀人的寿命，归根结底都是因为人们染上了种种恶习，才导致遭遇如此不幸，陷入堕落。如果他们明白防患于未然比病了再治要好得多，也许也就不会有那么多悲剧发生了，霍华德正是这么认为的。在利物浦、曼彻斯特、利兹等地区，那些住在地下室里的工人，卫生状况同样糟糕，这是由查德威克先生调查的。

最令人感到惊悚的还不是污垢对人身体上的污染，而是它们对人精神上的污染。在类似的地方，同病菌一起大量滋生的还有大量的恶习和罪行，因此置身于其中，你通常找不到任何道德。道德的沦丧司空见惯，不足为奇。如果你看不到整洁的环境，也别指望看到文明礼貌的居民。他们大多说话不干不净，行为愚蠢可笑。因此，一个脏乱的环境对道德的侵蚀是致命的，哪怕是最高尚的人，在这种地方待久了，也会变得不思上进，无所作为。

如果人们没有健康的身体，品性也会受到影响。因为整洁的环境更有益于培养出健康的人格和美好的道德，假使身体不健康或者品性恶劣，一定是因为所处的环境出了问题。如果这个问题大范围存在，家庭难以幸福，社会难以文明。更有甚者，如果环境真的特别糟糕，会对人产生十分深远的恶劣影响，这种影响甚至可以超过疾病和伤痛，因为身体上的问题总会被得到解决，而心灵上的创伤却很难弥补。长期享用不到清洁的环境，人的身体就会变坏，心情也好不到哪去。如果这种情况一直得不到重视，人们的道德就会开始滑坡。自尊自爱会消失，懒惰愚蠢会侵占人们的大脑，人们会借酒浇愁，而酒精和暴力带来了更多的烦恼和骚乱，也导致了更多的痛苦和不幸。可是人们根本不具备解决问题的能力，只会更加崇尚酒精和暴力，陷入无休止的恶性循环中。

由此可见，卫生学早就应该普及，这是唯一可以避免此种景象发生的办法。但是，很多人都不愿为此浪费精力和时间，减损自己的利益，尤其是那些上层阶级，他们觉得是白费力气，或者就算看到了一些成果，也更愿意让别人去付出而不是自己迎头而上。在这方面，只要有一些人做出了任何一点行动，都会遭到嘲笑或者批评，最少也是无视。出现了传染病怎么办？那和他们完全无关，完全是那些穷人自作自受。正是这种冷漠和自私造成了社会的不幸，使得广大劳工只会喝酒挥霍，都不关心公共卫生问题，任由病菌肆虐。于是，疾病流行、偷盗成风，以至于济贫

院、收容所甚至于监狱里都住满了人。

这可真是一种可怕的心理。这种放任邪恶自由发展的态度和邪恶本身没什么区别。而且，没有人愿意站出来负责。就像在药店里买到了假膏药一样，去找店主理论肯定没用，因为他们才不会因此给你退钱，弥补你的损失。并且，他们还会振振有词地说："我们又能怎么办呢？膏药又不是我做的。"所以，在这种环境中，想要不被骗，就只能擦亮自己的眼睛，尽量小心行事。如果租了一个并不干净而且破破烂烂的房子应该怎么办呢？还是自认倒霉吧，没有人愿意为此负责的。毕竟这件事和他们并没有什么关系。甚至于人们听到一对母子不得不外出乞讨的消息时，也不会表现出多少同情，只会麻木地问一句："这和我有关系吗？"也许当孩子生了重病，连济贫院也不愿意收留他们。不得已，母亲只好抱着孩子睡大街。孩子过不了多久就会死，如果他得的是传染病，尸体肯定会传播病菌。可是，没有人愿意管。最后，很多孩子都会以同样的方式死去。那时候，那些麻木不仁的人们，肯定就不会再问："这和我有关系吗？"

幸运的是，现在这样想的人越来越少了，如果哪一天真的没人这么想了，社会也就真的变好了。其实，只要人人愿意承担责任，事情也就会变得越来越好。苦难会被消除，不幸也会消失，社会会变得更加繁荣。否则事情只会向更坏的方向发展，到时候谁都逃不了关系。当然，个人的力量是很小的，但是这并不是我们不努力的理由。一个人不行，就一群人；道德不行，就靠法律。只要大家愿意团结起来，向一个共同目标而努力，一定能取得最终的胜利。改善公共环境正是如此。如果人们一起为解决排水供水、改善居住环境而贡献力量，一套完备的公共卫生设施很快就会被建立起来。到时候，空气变得清新，水流变得干净，疾病和悲剧就会越来越少，我们的生存环境也会得到前所未有的改善，身心健康也就成为可能。

正如前面所说，有一些富人已经行动起来，为劳工建造了整洁的房子、图书馆和学校，并号召更多有能力的人加入进来。这在一定程度上改善了人们的生活，对富人本身的回报也不小。如果劳工们变得越来越健康，越来越道德，也会更加努力地工作，为富人创造更多的经济价值。这是那些富人，尤其是实业家急需考虑的问题。如果一切顺利，不仅会得到更多的效益，也是一件切实的善举。也许，在大家的共同努力下，整个社会风气都会焕然一新。

上层阶级当然要做出一些善事，下层阶级们也绝不能坐享其成。如果劳工不积极配合，一切都不会成功。公共卫生运动是大家的事情，如果有哪一方不行动，效果都不会太好。城市的供水系统可以被改善，但是如果一个家庭的女主人不愿使用，也完全徒劳。或者说这个女主人仍旧懒惰，把家里搞得又脏又乱，只改善供水系统肯定也没用。想要过上舒服的生活，不能把希望寄托在外面的公共设施，而要把目光放在家里的女主人身上。议会的法案只能改变一些死的东西，至于丈夫简单粗暴、热爱酗酒这种事，或者妻子懒惰蛮横、不爱整洁，就不是卫生委员会或者政府能解决的了。因此，想要公共卫生环境得到改善，还需要劳工们的不懈配合。

近日,一位家庭改革的研究者这样说:

"想要解决劳工们身心健康的问题,首先必须明确这样一点——他们之所以会落到如此地步,固然有居住环境本身的关系,但是和他们自己也有关系。房子是死的,人却是活的。是房子需要人去养,不是人需要房子去养,死的房子没有主观能动性,活的人却有。如果一个家庭本身就崇尚卫生整洁,就算让他们住进一套卫生环境很差的房子,过不了多久,他们也会把房子改造得很好,让任何人走进来都会心生敬意,萌生出想住在这里的冲动。相反,如果一个家庭本身就过得邋里邋遢,就算让他们住进一个豪华舒适的房子,过不了多久,他们也会把房子糟蹋得惨不忍睹,让任何人走进来都会心生厌恶,一分钟都不想多待。所以,房子的好坏,在很大程度上取决于什么人住在这里。因此,想要从根本上改善住宅问题,首先就要增加人们的责任意识,让人们真正热爱家庭。"

由此可见,如果想要彻底解决公共卫生环境问题,改善劳工们的生活,让他们身心变得健康,就要一面从物质上入手,尽量多盖一点美观舒适的房子,一面从精神上入手,提高劳工们的素质,让他们尽可能地养成讲卫生的好习惯。两方面都很重要,缺了哪个都是不行的。

5.身心健康的基础在于保持整洁

家庭的教育意义显而易见。环境对人的影响是巨大的，如果一个孩子从小生活在整洁和谐的环境中，长大以后，也会讲究礼貌、德行高尚。如果一个孩子从小生活在污秽不堪的环境中，长大以后，更容易素质低下、不讲道德。长期生活在阴暗杂乱的贫民窟里，人们的心情肯定不会太好，也很难培养出温和、严谨、积极上进的孩子。因此，如果我们想提高人们的道德水平，让他们更多地受人尊敬而不是鄙夷，首先要做的就是从改善他们的居住环境入手。

当然，对外部环境的改造是必要的，却不是全部，更重要的是让他们养成良好的卫生习惯和高尚的美德。想要让人们养成好习惯，就要从精神上入手，让他们树立正确的是非观，拥有自己的想法。

居住在整洁的环境里，不仅身体会变好，心情也会好起来。如果所有家庭成员的心情都很好，他们的精神面貌也不会差到哪里。想要让身体变得干净，就要讲卫生，想要让家庭变得干净，就要养成爱整洁的好习惯。想要让生活变得舒适，也是同样的道理。文明和进步的标志就是整洁，或者说，整洁正是促进文明和进步的基础。

帕雷博士经常教人们这样一个原则——如果去外国旅游，只要看看当地居民是否整洁，就能看出他们的文明发展程度和道德水平，甚至是社会状况。因为衡量一个人素质高低的基础就是是否整洁。如果人们普遍不爱干净，也就不会有多文明的社会风气，自尊程度也会堪忧，更不用提勤俭的美德。根据整洁程度判断人们的文明程度，会比花言巧语更有说服力。而且，你会吃惊地发现，在城市里，那些崇尚暴力、不思进取的人比其他人更不爱干净，在世界范围内，那些文明发展水平低、尚未开化的民族，也比高度文明的民族更不爱干净。

想要让人们变得干净，就要从思想上入手。人类的天性并不是肮脏，但是肮脏却比整洁更常见，也更能消磨人、毁灭人。它不仅会侵蚀人的身心，更能蒙蔽人发现美的眼睛。在脏乱的地方，美德无处容身，因为不爱干净的人和自甘堕落没什么两样。整洁本身是一种礼节，不整洁的人也就证明根本不在乎礼节，换句话说，也就是放任自流。肮脏的地方更容易诱生酗酒和放纵，这也正是那些长期生活在那种环境中的人的共同特性。他们无法改变污秽的环境，只能从酒精和毒品中寻求慰藉。

人们的行为习惯看似只是外在表现，却能深刻地反映一个人的内心、品性甚至思想。如果一个人的身心是干净的，思想和感情自然也是干净的。毕竟，能承载美好品德，例如自尊、纯洁、精致、文雅的身体一定是整洁的。这已不用过多解释。

人人都希望拥有一个温暖舒适的家，但是如果夫妻双方任何一人不具备整洁、勤俭和自律的品质，这个愿望都不会实现。尤其是家里的女主人，她们平时看起来好像并不干什么大事。厨艺、做家务、照看孩子，这些事都不是惊天动地的事，但是很少有人能够平心静气、踏踏实实、认真负责地把它们处理得足够完美。"同样都是家里的女主人，为什么有的人能把日子过得舒适，有的却过得很窘迫？为什么有的人懂得节约，有的却只会浪费？同样都住着一样的房子，为什么有的人会把孩子养得健康强壮，有的人却把孩子养得病弱不堪？同样都做着一份工作，为什么有的工人懂得运用聪明才智，做得更加省力，有的工人却无论如何都做不好？这里面当然有机遇或者运气的关系，可是这不是事情的全部。那些聪明的人之所以取得成功，只是因为顺应了自然法则，并且严谨地执行，那些倒霉的失败者，则完全不按条理办事，总是冒冒失失。"这是阿什伯顿勋爵送给沃尔乌西培训学校的学生的原话。

不得不承认，也有很多女人接受了很好的教育，无论是从家庭还是从学校。正是这些教育让她们塑造了健全的人格，能比别人营造出更舒适的家庭氛围。或者说，她们之所以会这样，因为她们比别人更了解自己工作的目标，以及为什么要这样做。以生理学为例，每个女人都应该了解一点生理学。在教育孩子的时候，只有遵循生理学基础，孩子才会长得更健壮，心理也会更加健全。同时，孩子们也应该多少了解一点生理学知识，并学会遵守这些规则，因为这对他们只有好处没有坏处。对于女人们来说，如果不了解这些，就会为自己引来很多麻烦，没法养好小孩，甚至会导致孩子夭折。在公共卫生方面是一样的道理，如果人们都很清楚应该怎么通风，怎么做清洁，怎么吃东西才能摄取更多的营养，人们的死亡率就不会那么高，至少在大城市里是这样。相应的，如果人们能知道的更多一点，道德水平和身体状况也会变得更好。想要生活得更舒适，更幸福，就不能忽略一些看起来细微实际却非常重要的事情。这是经过无数事例证明的道理。如果人们一直都那么无知，也必然会遭受灾难，不得不面临死亡的威胁。

6. 有一个好的女主人很重要

想要过上幸福的生活，一定要找一个善于勤俭持家的女主人。虽然她们在很多时候并不是一个家庭的主要经济来源，却大多掌管着家里的财政大权。确切地说，生活过得怎样，并不取决于有多少收入，而取决于如何把钱花在有用的地方。所以，有一个好的女主人很重要。一个好的女主人必须对家庭里的收支状况做到心里有数并做好计划。想达到这一点，要具备一定的数学基础。如果女主人对数学一窍不通，家里的财政状况会很艰难，收支很难平衡，如果入不敷出，麻烦也会纷至沓来，甚至只能靠借债过活，这是已婚男人都很清楚的情况。如果这种情况一直持续下去，生活也就会变得乱七八糟，日子难以安宁，过不了多久就会破产。同时，好的女主人还应该会操持家务。

其实，做家务看起来简单，实际却相当复杂。它涉及很多小事，三言两语绝对说不清楚。以厨艺为例，在所有家务中，厨艺可以说是最基本的技能。如果厨艺很差，不仅会浪费食材，还会引发夫妻之间的矛盾。比如，很多争吵正是因为一块难吃的牛排或者一个没熟的土豆。可是，在对女性的教育中，很少有人会注意到这个方面，并充分认识到它的重要意义。

这种问题在英国很常见。人们很少看重厨艺，很少主动地去改进。这导致食物很难被充分利用，浪费的部分非常惊人。这种情况不只存在于劳工阶级，在中等阶级也很普遍。"在他们的餐桌上，我们看到的都是什么景象？食物很少被做得精美，大多数时候它们根本无法下咽，没人愿意多吃。因为糟糕的食物，丈夫们总是很生气，变得比平时更加暴躁甚至更加暴力。丈夫怎么能开心得起来？每天都没好吃的，于是只能勉强地喝点酒来缓解郁闷。等事情发展到这种地步，糟糕的厨艺导致的已经不只是浪费了。它还会影响家庭关系，损耗感情，对身心健康当然也没有好处。"

像幽默或者健康一样，美食对人的意义一样重要。这里所指的美食，并不是说一定要用多昂贵的食材，多复杂的做法，而是要让各种食物呈现出它们最适合的样子。也就是说，把东西做得尽量好吃。这和食物本身的价格并没有多大关系。富人每天都吃山珍海味，仍然可能身体不好，穷人只吃很简单的食物，不一定不健壮。所以，食物的种类是否丰富并不是厨艺好坏的决定因素。如果一个男人足够幸运，能找到一位厨艺精湛的女人做妻子，或者如果他再有条件一点，请得起一位技艺高超的厨娘，对家庭是很有好处的。而一个男人最大的不幸，就是有一个贪图安逸、不喜劳作的妻子，因为她根本不知道如何经营好一个家庭。衡量一个女人是否细心，不应该只看她的外貌和衣着，更要看她对家务的熟悉程度和熟练程度。如果她们只是非常在乎自己的衣服鞋帽，总喜欢挑剔裁缝或者鞋帽商，一点都不关心自己的厨艺，总把东西做得特别难吃，甚至根本做不熟，任谁都提不起食欲，家庭矛盾早晚都会产生。大多丈夫都不可能长期忍受这种状况，总有一天，他们会连家都不愿意回。

厨艺方面的缺陷不止会导致食物的浪费，还会影响健康。斯密先生调查发现："英国人比其他国家的人更容易患上消化方面的疾病。"原因很简单，英国的传统食物在味道上面真的是比其他国家差得很远，而且样式非常单一，吃来吃去总是羊排或者土豆泥一类的东西。任何去国外吃过东西的人哪怕再迟钝，也会觉得那里的东西好吃得多。尤其是英国旅店提供的食物，它们普遍都很差，很多城市都这样。其他国家则不一样。

很明显，厨艺和其他很多事情一样，没有掌握相关常识，很难达到一个较高水准，并且会导致可怕的浪费。而厨艺又是一个大事情。好的厨艺可以让家人过得更健康，更舒服，感到更幸福。所以，如果社会能更重视女人们在厨艺方面的才能，并注意培训她们，不管是穷人还是富人，都会从中得到不小的收获，社会也会因此而受益。

"在我看来，随着富人越来越富，穷人越来越穷，人们的生活压力也越来越大，无论穷人还是富人。在富人中间，尤其是生活无忧的女人们中间，开始流行一种所谓的高雅，人们甘愿花费自己的全部精力去追捧它，深深地为它着迷。实际上这非常矫情。因为它并不比商业或者艺术更有价值，只是一种消磨时间或者说浪费时间的方式。她们越来越一事无成，因为她们离牧场、储藏室和厨房越来越远。"这是一位有见识的夫人所说的。

当然，面对社会上的这种指责，很多女人也做出了回应。她们也不喜欢整日虚度光阴，所以尽量在做些有价值的事。她们或者走进贫民窟帮助贫民，或者去医院工作。诚然，这都是很高贵的举动。可是，还有另一种方式可以效仿，并且比上述这些事更有意义，更能带来良好的效果，那就是学习厨艺，并且教会更多的人，尤其是那些没有机会受教育的穷苦女人。身为衣食无忧的上层阶级的女人，她们可以充分发挥自己的优势，教会劳工阶级的女人们如何把东西做得更好吃，如何做出更好看的衣服，如何制定家庭收支预算，操持好家务。这会改掉后者的很多坏习惯，帮助她们过上一种全新的生活。如果她们做出改变，那些每日被糟糕厨艺折磨的丈夫们也会感到高兴，因为他们终于能吃上美食，有了一个舒适的生活环境。如果这种情况真的发生了，社会也会感谢她们。

关于工人们的日常生活，约瑟夫·科贝特，伯明翰的一个工人，这样告诉我们："总的来说，我母亲是个好女人。她品德高尚，聪明勤奋，虽然从小就在工厂工作，但她的这些好品质并没有被消磨。她结婚很早，有十一个孩子，每个孩子的出生间隔都很短。无论是过去还是现在，她都很期望做一个好妻子、好母亲，只可惜她并没有接受过任何关于料理家务方面的教育和培训。因此，虽然她已经很努力地去做，却依然很难满足丈夫和孩子们的需求，让他们感到舒适和幸福。她的工作非常繁忙，生产后没多久就要回去上班。连给新生儿哺乳都是在工厂进行的。

她也想过辞掉工作，但是如果真的那样做了，生活就会变得更拮据。尽管如此，事情也并没有好多少。随着孩子越来越多，家里的情况越来越糟。没有欢乐，十分阴郁。毕竟，照顾这个大家庭是一件很困难的事情，她自己根本处理不好。可是，她也从未想过要寻求丈夫的帮助，每天只是自己手忙脚乱。每天白天，她要去工厂工作，下班之后，即使是深夜，她也要为一家人洗洗涮涮。然而，我父亲并不觉得满意，也很少感到幸福。他不想承担任何家庭义务，觉得这都是女人的事情。至于他的女人做得不好，他觉得都是她的问题，并且总会因此而感到非常愤怒。很快，他开始更少地回家，整日在外面厮混。钱花得越来越多，日子过得越来越艰难。我们虽然还是孩子，但是为了补贴家用，也不得不出去做一些力所能及的事，尽管报酬并不多。这真是一个特别糟糕的环境，我们每天都很紧张、焦躁，因为母亲不懂如何操持家务，而父亲又责任感淡漠，脾气极坏。他们没有做出任何好榜样可供我们学习，只带给我们日复一日的贫穷和不断的矛盾与争吵，正是这种境遇促使我产生了改变这一切的想法。同时，我也希望类似的家庭都能做出改变，最终得到幸福。根据我所接触到的这些事看来，人们之所以过得不好，有很大部分原因是忽略了对女人的教育，尤其是家务方面的教育。缺乏这些教育的女人无法给丈夫和孩子创造一个舒适的家庭环境，也根本没有时间和精力教育孩子，抚慰他们的心灵，使他们成长为一个快乐的人。不幸和犯罪也是这样产生的。如果我们能对这个问题稍加重视，丈夫们很可能不再终日酗酒，孩子们也会乖巧懂事得多。"

第十五章　如何生活得更幸福

● 最好不要随便评价任何人。无论一个人的出身如何，都有资格得到尊重。就算一个人并不来自于显赫的家族，但如果他确实是绅士，就会足够高贵。

——乔叟

● 对待自己的事业，每个人都应该认真。

——塞万提斯

● 不管你拥有多少财富，只要你的品质足够高贵，都会终有所获。

——乔治·赫伯特

● 没有多少人真正了解自己的弱点。然而，也没有多少人真

正了解自己的潜力。就像有些主人对土地的认识一样,他们可能完全不知道那下面埋藏着一条金矿带。

——斯威夫特

- 有些东西注定无法拥有。既然如此就不要强求,最重要的是时刻保持一颗追求快乐的心。

——西伯

1.让生活多一点快乐

谁都会生活,谁也都在生活,但是很少有人能够真正掌握生活这门美好而富有意义的艺术。这门艺术的终极目的,是让人活得更有价值,更快乐,更早实现人生的目标。

想要活得幸福,就一定要掌握生活的艺术。不过,这门艺术也像音乐、绘画以及任何形式的其他艺术一样,有天赋的人学习时,总能掌握得更快,如果缺乏天赋,学起来则要慢得多。无论何时,学习都是重要的。有时候,人们需要自我学习,自我修养,自我探索,有时候又需要从家人或者朋友那里汲取经验,只有通过多方面的学习和完善,才能够更好地培养自己在各方面的能力,使自己的潜力得到充分的开发。

很多人都会觉得幸福感难以获得,就像深藏在地下的宝石一样,不管付出怎样的努力,一般人很难找到它。可是,实际上它并没有那么特殊,也没有那样难寻。与其说它是宝石一样的矿藏,不如说它是一小串连在一起的细碎珍珠——当然不是那种昂贵的大珍珠,毕竟想要得到幸福也许并不需要付出昂贵的代价。可是,即便它如此平凡而普通,也并不妨碍它能带给人快乐和情趣。人们总是热切地希望一下子得到那些像大宝石一样辉煌的幸福,却不知道幸福是由细小的快乐组成,它们悄无声息地藏在生活的点点滴滴中,积少成多,最终变得宏大而惊奇。只要我们足够诚实正直,再加上一点细心,就会发现它的踪迹。

尽管幸福随处可见,但是如果不懂得生活的艺术,还是无法发现它们。并且,对生活艺术的掌握程度对生活质量也有很大的影响。如果一个人能够充分理解生活的艺术,眼光就会更高远,心境也会更开阔。他既会缅怀过去,也会憧憬未来,同时还会把握现在。他会认为身边的人和事物都是美好的、崭新的,生活处处充满快乐和意义。他会举止得体,符合自己的身份和年龄,也会努力提高自己,并且乐于帮助那些需要帮助的人,愿意完成自己责任范围内的工作。他不会违背自己的良心,也不会满足于已经取得的成就。他积极向上,努力进取,一直保持着生机与活力。终其一生,他拥有荣誉,也获得了他人的美好祝福,同时为其他人做出了良好的榜样。可是,如果一个人不能充分理解生活的艺术,就绝不会拥有这样的人生。他们目光短浅,思维狭隘,体验不到任何乐趣,甚至不知道自己为什么活着。他们不觉得过去有什么值得怀念的,因为他们并不觉得自己的经历有什么美好,也不觉得自己活着有什么意义。他们的生命枯燥乏味,特别空虚。他们只是作为一个动物在活着,却从来没有活成一个真正的人。只有金钱才会让他们勉强提起兴趣,除了金钱,任何其他东西都不行。他们对生活完全没有热情,任何美好的东西在他们眼里都是麻烦,让人生厌,比如画廊和乡间的田野。在他们看来,与其去画廊欣赏那些莫名其妙的画作,还不如安静地待在家里,与其去田野中和农夫聊天,还不如躲在舒服的马车里。他们的生活就是一场灾难,里面充斥着流氓恶棍、罪犯暴徒。他们从来都不热爱任何形式的生活,却一直害怕连眼前这样的生活都没法继续下去。他们不知道生命的目的,却依然害怕死亡。等他们终于走完生命历程的时候,就算家财万贯,也仍然逃脱不了失败者的称号,因为他们从来不明白生活的乐趣在哪里,更别提懂得生活的艺术了。

确实,想要收获生活的激情,一味追求财富,大半找错了方向。如果没有洞察力和感悟力,也就没法提升个人修养,使自己过得充实,同时懂得如何欣赏人生,享受生活,又怎么能燃起对生活的热爱?或者说,劳动也是一个很好的途径,它可以催生纯洁的品质和高尚的思想。这已被很多劳动者印证过。蒙田曾说:"哲学正是从不同的人生中提炼出来的,所以它们当然也适用于社会底层。也就是说,任何人身上都有哲学。哲学具有普适性。"

想要变得快乐,情趣必不可少。如果你的朋友很会布置屋子,总是把院子打扫得干干净净,各种东西排列得整洁有序,肯定是一个爱干净的人,如果他再把鲜花放在窗边,名画挂在墙上，书籍时常摆在手边，肯定就是一个文雅精致的人。他有品位，有情趣，知道如何能使自己和他人变得更快乐，因此也必然能让生活充满情趣。尽管情趣这种东西是很虚幻的，不能很好地被表达出来，但是只要一个人并不过于迟钝，总会感受得到。

家居生活看似平凡，却处处体现着生活的艺术。一个深谙此道的人会尽量挑选健康绿色的食品，而不一定非要吃多么昂贵的菜肴，喝多么刺激的饮料。当然，他们进餐的时候也不会狼吞虎咽，而会静下心来，仔细体会食物的滋味。他们所处的环境肯定也不是脏乱的，而是干净整洁的。因为他们明白维护环境的重要性。他们懂得发现生活中的美，并让身边的一切人和事物都保持活力充沛。这不用费多少力气就能达到。相反，那些过不好日子的家庭，倒不一定是因为没有足够的金钱，而是缺乏情趣。他们就算有钱也不知道应该怎么花才合适，只会胡乱地买一些东西，随意地堆在家里，把家里搞得乱七八糟，混乱不堪，不会让人觉得舒适，也没有一个良好的家居氛围。这会让家庭成员失去对家的热爱和认同，也是对生活的亵渎。

生活艺术的掌握程度和金钱的关系并不大。一个人也许贫穷，也可能很懂得生活，一个人也许富有，很可能对生活一窍不通。不要一听说自己不会生活，就反驳说这是因为自己缺钱。同样在乡村，那些会生活的人会时刻使家里的空气保持清新，把一切收拾得干干净净，虽然他们只能用沙子铺在门前，却把窗子擦得一尘不染。他们也会在门前种上一些玫瑰或者向日葵，既好看又好闻。他们的邻居和朋友通常也是这样，因为物以类聚，人以

群分。可是，在另一些地方，情况会完全不同。破旧的茅屋东倒西歪，屋子里的气味总是难闻，家里的东西摆放得乱七八糟，想用一件东西的时候时常找不到，孩子们穿着又脏又破的衣服，蹲在路边玩泥巴，女人们也很邋遢，主要是懒惰。她们只会坐在门前晒太阳，聊一些道听途说的消息。一切都像陷入了沼泽一样黏稠而绝望，让人感受不到生活的欢乐。两种生活的不同并不是因为双方拥有财富的多少，而是因为一方懂得生活而另一方不懂。懂得生活的人总能充分利用自己拥有的任何资源来使生活变得更加舒适，不管那些资源有多么匮乏，只要被很好地利用，就会从中发现情趣，增加生活的乐趣。

在城市的工厂中，这种对比也很鲜明。同样都是工人，有些人上班时欢快活泼，干净整洁，非常开心，下班之后，回到家里，也能把家庭生活调理得井然有序，情趣盎然，比如说周末和家人一起去教堂，和孩子们一起阅读。这家人总是有积蓄，虽然可能并不是很多，可是他们从来不缺钱。而另外一些人上班的时候总是愁容满面，一脸沮丧，随时随地都在抱怨，无论如何都开心不起来，下班之后，回到家里，更是把事情搞得一团糟。他们从来不会花时间收拾自己，也不在乎身上穿的到底是什么。平时是这样，周末也没什么区别。他们不会教育孩子，更不会让孩子们养成阅读习惯，而是让他们想去哪里玩就去哪里玩，从来不加以正确的引导。至于他们自己，收入可能并不低，但是他们只会吃喝享乐和睡觉，不屑于阅读和思考，也不会很好地支配自己的财产，导致手里总是很缺钱，甚至要靠借债度日。

这两种生活之所以如此不同，是因为前者有足够的聪明才智，懂得如何能让自己和别人都舒适一点，让生活变得更幸福。后者则相反，缺乏生活的智慧，完全不懂得这一点，也不想去开发自己的聪明才智。因此，前者的生活里满是爱和关怀，后者的生活里充满苦难和矛盾。因为前者懂得思考和行动，后者也懒得行动和思考。因此，前者受到朋友的尊敬和家人的热爱也就是很正常的事，后者既被朋友孤立也被家人唾弃，也就没什么可大惊小怪的。

生活的艺术是通往幸福生活的唯一钥匙。它可以掌握在穷人手中，也可以掌握在富人手中。无论如何，它产生的效果都是一样的。它可以让我们拥有独立的人格和思想，掌握自己的命运。在生活艺术的指导下，我们可以学会控制自己的脾气甚至改变自己的气质，让深藏在体内最美好的潜质被开发出来。我们可以通过阅读和思考变得更加高尚与纯洁，过上一种受人尊敬，祥和富足的生活，同时把这种可贵的智慧教授给孩子们，让他们拥有快乐的人生。

2.家庭幸福的根源在于生活艺术

生活的艺术应该被重视，因为它存在生活的每个角落中。一个缺乏生活艺术的家会让人感到烦躁，因为他们从中领略不到任何舒适。劳累了一天的人们总是希望回家以后能完全放松下来，感受到家人的温暖，但这首先需要家里有舒适整洁的环境。一个好的家应该像圣殿一样吸引人，让人一下班就急着往回赶。如果每个家都是这样，没有男人会愿意再去啤酒馆里打发时间。

不过，关于舒适，不同的人有不同的理解。没有绝对的舒适，只有相对的舒适。有些人觉得这样是舒适，有些人却并不这么认为。不同的时代也会影响人们的判断，比如说，人们现在认为的舒适肯定和中世纪时不同。当然，一个舒适的家庭环境必然要包括干净的家具、温暖的房间、好吃的饭菜、整洁的环境和完善的配套设施，可是只有这些肯定是不够的。有的家庭已经拥有了这些东西，却并不觉得有多舒适。因为家不只是一个可供人吃饭和睡觉的地方。它最迷人的地方，在于它给人的温馨感。查尔斯·兰博说："感受不到温馨和舒适，有家没家没什么两样。"确实，如果一个家庭无法给人温馨和舒适的感受，也就失去了存在的根本价值。而这种温馨感是任何物品都给不了的，只有人才能给予人。因此，一个好的女主人就变得很重要。如果她爱干净、懂节俭，能很好地操持家务，哪怕家里并不富裕，家庭成员的幸福感也会很明显。如果她有些懒惰，花钱随意，不懂怎样管好一个家，就算家里再富裕，也没法带给人愉悦和欢乐。从这个角度说，舒适和财富的关系并不大，一个家庭不舒适，不是因为它不富裕，而是因为人们不懂生活的艺术，不知道如何与他人相处。和家庭成员的相处非常重要，也是让我们获得快乐最简单的方式。

人们总觉得那些无家可归的人很悲惨，却往往忽视了那些有家却不想回的人。后者往往比前者还要可怜得多，因为他们不懂生活的艺术，也没法把自己的家变得舒适宜居。事实上，一个好的家庭更像一个温馨的港湾，它既可以孕育出美德，也能使人们忘却劳累和悲伤。

与家人相处同样是门艺术。因为舒适的背后必然"站着"和善、互助、克制和忍让。关爱总能比仇恨更能抚慰人。懂得这个道理的人通常理解诚实、正直、节俭、勤奋的重要性，愿意为自己也为家人负责，并冷静地做出未雨绸缪的打算，不会随便花钱，生活在当下。他们总是表现得那么从容，不会轻浮于事，也不会负债累累。

在家庭生活中，女人起着相当大的作用，甚至可以说是一个家庭的核心。因为几乎所有家庭都是她们在操持。她们的品性、脾气、才能和行动力直接影响着家庭的幸福。丈夫的成功与否，也和女人有着很大的关系。如果一个男人知道自己的女人谨慎而明智地使用财产，会觉得非常欣慰，工作也会更卖力。当亲朋好友知道她的事迹后，也会敬佩她，并且争相效仿。哪怕在孩子们中间，她也会展开自己潜移默化的影响，使孩子们从言行中得到最好的教育。

对女人们来说，想要更好地履行职责，就要学会采用适当的方法。不管是操持家务还是工作，用对了方法会达到事半功倍的效果。首先，我们要确认一定的规则，合理地安排各项事务。这是花最少时间和精力达到最好效果的唯一方式。以家庭支出中的衣服一项为例，很多女人都不会掌管家庭财富，因此造成了大量的浪费。她自己有很多衣服，质量却参差不齐。帽子和衣服很漂亮，袜子和鞋却很糟糕，根本搭配不到一起。平时也根本不整理，只是随便堆着。而她们的丈夫在穿什么？又破又旧又脏的衣服。这肯定不是有规矩有计划的表现。

想要管好家务，女人们也要学会勤奋与守时。因为如果只有计划，不够勤奋，没有时间观念，就会导致拖延和不必要的抱怨和指责。一顿延后的午饭可能导致延后的采购和清洁活动，使所有定好的计划都令人沮丧地向后推。如果总是这样打乱安排，耽误时间，就会引发人们的不信任和厌恶之情，再加上大量的"以后再说"，情况就会更糟糕。男人们这样经商，肯定赚不到钱，女人们这样管家，肯定也不能让家庭保持舒适和幸福。没有人喜欢不守时的人。只有制定计划并勤奋完成计划的女人，才能从容迅速地完成工作，维持一个家庭的正常运转。

她们还需要拥有开阔的眼光、出色的判断力。这会比较难掌握一些。因为想达到这一点需要大量相关经验。不过，可以日积月累。

还有一点，就是一定要有耐心，敢于坚持。如果有一个良好的计划，并且愿意勤奋地去执行它，一直向那个方向前进，境况就会变得越来越好，在别的事上面是这样，在操持家务上面也是这样。很多成功的例子都说明了这一点。

3.风度孕育愉悦

想要掌握生活的艺术，必须学会合理地管理情绪。如果我们能时刻保持愉悦的心情，使自己远离粗鄙和野蛮，不和别人产生不必要的麻烦，日子就会平安喜乐。负面情绪只会引发更多的负面情绪，快乐的感觉也可以传递给周围更多人。粗暴的态度和粗鄙的言语只能让人觉得没有教养，如果有教养，自然会表现出礼貌和温和，对任何人都亲切随和。

一位绅士肯定要具备高尚的品格和优雅的风度，可是并不一定要固守公认的社会规则，因为某些规则本身也许就很粗鲁。按照惯例，上等阶级是不应该去接近下等阶级的，哪怕他们本是亲兄弟。这种做法就不应被提倡。判断一个人是否具备高尚的品格和优雅的风度不能只凭社会规则，而要看一个人的内在。温和不过是一种表现，它可以赢得人们的敬意，但一个温和的人并不一定是发自内心的温和。如果行为代表了他的心声，那才真正值得尊敬。得体的礼仪比好看的外表要有价值，真诚的行为又比得体的礼仪要有价值，正是这个道理。

风度也十分重要。它依托于礼仪，又在礼仪之上。它来自于真心，又需要得体。不合礼仪，不出自真心，都不算真正的风度。如果真的想帮助一个人，除了要给对方他需要的东西，好的态度也必不可少。如果你这么对他说："我本来不想这么做，但是东西就在那儿，给你也没什么大不了。"对方就算接受了帮助，心里也会不舒服。如果遇上品性不太好的人，还有可能恩将仇报。

很多上层阶级都表现得很有风度，不过风度也同样存在于下层阶级。因此可以说，一个人有没有风度，和他的富裕程度没有多大关系。不可否认,有些人天生就风度翩翩,待人温和,尽管这种人数量很少,却并非不存在。当然,大部分人都要通过学习和受教育,才能真正表现得有风度。尽管有很多人在学习时,总是带着功利性。风度在他们那里并不是发自内心的。他们之所以表现成那样,只是想维护自尊和表示对别人的尊重。

说到风度,在这方面,英国人和法国人还有很大的差距。法国人总是那么讲究礼仪,温和待人,并且表现出对财产高度的尊重。总体来说,法国人的受教育程度普遍很高,并且,它拥有无数手工业者,国民不仅爱护自己的财产,也愿意尊重别人的财产。几乎每对父母都会这样教育自己的孩子,无论他们身处哪个阶层。就算是乞丐也不会偷摘路边无人看管的果实。正是这种对财产的尊重导致了对产权人的尊重。而尊重正是风度的基础。正如兰恩先生在《旅行者见闻》一书中所表述的:"如果每个家庭都重视对孩子的教育,要求孩子尊重他人,一种颇有意义的道德风尚就会流行开来,并在外在上表现为风度。这是法兰西人的品性。他们确实比任何欧洲人都更有风度,并且他们的风度体现在生活的方方面面。"

如果工人们想表现风度,也完全可以做到,无论是在工厂里、大街上,还是在他们自己家里。风度不止能让人显得高贵,更能给他人带来愉悦。就算有些人不理解为什么要这么做,甚至颇有微词,至少那些表现风度的人,可以问心无愧。在这方面,风度并不一定需要别人的理解。

4.幸福生活需要良好的品行

长期一起共同工作和生活的劳动人民之间更容易产生更浓厚的情谊，也更容易养成淳朴善良的品行。而当下的一些富人们在人际交往上则随意得多，他们可以只因为喜欢就和一个人交往，也可以很容易终止一段关系，除非有必要和一些人保持长久的合作关系。同富人相比，劳动人民之间的幸福更依赖于亲朋好友的言行举止，无论是在工厂还是在家里。在家里，他们往往没法工作，必须陪伴妻子和孩子。他们必须关爱家人，必须参与家庭劳动，也必须容忍他们一些不友善的行为造成的痛苦。

工人们在塑造自己的言行举止上有更多的困难，因为他们往往生活困难，生活环境也有限，当然贫穷不是借口，只要一个人想成为文明、仁爱之人，就没什么可以阻止他，无论逆境还是坏人。如果人们讲究礼仪，友善待人，带给人快乐和愉悦，也会受到他人和社会的欢迎。家人喜欢他们，同事尊敬他们，就连老板也会更加关爱他们。品性更好的人总能得到很好的回报，或早或晚。无论身处哪个阶层都一样，只要你拥有高尚的德行，别人就会以你为榜样，敬重你，推崇你。有时候，一个人的品性甚至会改变一群人。富兰克林就是一个很好的例子。他在工厂工作的时候，正是用这种方法影响了全厂的工人。

当然，人们除了能从培养品性的过程中获得乐趣，也能从有益的娱乐和锻炼中获得乐趣。它们是有教育意义的活动，而不是一些只会浪费时间的户外游戏。只有适当地娱乐和锻炼，一个人才能放松下来，享受生命，获得足够的愉悦感。如果谁的一生中只有吃东西、睡觉和工作，或者总喜欢坐在那里一动不动，那真的很无趣。不仅如此，他的身体早晚会出问题。所以，至少为了健康，人们也应该适当娱乐或者锻炼。就像德比勋爵说过的那样："如果你总是为了节省时间而不锻炼，省下来的那些时间早晚会被疾病占据。"当然，娱乐和锻炼不止会让人保持健康，还会为身边的人带去快乐。那些忧郁痛苦、总爱发牢骚的人大多不懂得怎样娱乐或者锻炼，他们不愿变得快乐，也不愿看到身边人过得快乐。他们对任何事都没兴趣，包括自然和社会，他们的心就像一潭死水。

正常来说，每个人都渴望轻松愉快的生活，渴望充满娱乐和健康的生活。如果勉强压抑这种想法，不去发泄，肯定会引发各种各样的问题，邪恶也会乘虚而入，造成更加严重的后果。所以，只要有一种娱乐或者锻炼没有对他人造成伤害或妨碍到他人，就应该大力提倡。正如西尼·史密斯所说："想要消灭邪恶，必须找到能取代它的更好的东西。"戒酒运动就是一个很好的例子。很多人都支持戒酒运动，但是他们的呼吁并没有得到很好的回应。因为他们根本不了解大家为什么要酗酒。诚然，一些人就是爱喝酒，可更多人之所以终日酗酒，并不是因为有多喜欢喝酒，而是因为没有别的娱乐方式可以选择。除了喝酒，他们找不到别的兴趣爱好。人们的生活过于艰难，以至于只能从吃吃喝喝中获得快乐，从酒精中试图获得暂时的解脱。所以，与其呼吁人们尽早戒酒，还不如为那些可怜的人多开发一点别的娱乐活动。

5.优雅是通往幸福的桥梁

在欧洲大陆上曾经流行这样一句谚语："醉得像德国农夫"。德国是盛产酒鬼的国度，可是，现在他们却比任何国家的人都清醒。是什么让他们远离了酒精？答案很简单，音乐。想让人更加仁慈、道德、快乐，音乐无疑是一种很好的方式。在这一点上，爱尔兰的马修神父就做得很好。他也是禁酒运动的提倡者，他也热衷于引导人们爱上音乐。在他看来，人们远离威士忌后，为了获得快乐，避免陷入空虚，需要培养新的、更健康的兴趣爱好。为此，他建立了很多音乐俱乐部。效果很显著，音乐真的取代了酒精，成为人们精神的寄托，并且在音乐的影响下，人们的品性也迅速提高。由此看来，大力发展音乐事业对社会和人民都是很有利的。在这方面，我们可以好好向德国人学习，他们在出征前和作战归来时都要唱歌，我们的工人在工作的休息时间里也可以唱歌；他们的孩子在学校里可以接受到良好的音乐教育，我们也应该在学校创造这样的条件。音乐不仅能让人劳动快乐，也能促进家庭和谐。无论如何，音乐带给人的乐趣比酗酒有价值得多。更何况，我们英国也有很多动听的音乐，不能让它们随着时间消亡，而要让它们尽可能地传承下去。

人皆有爱美之心，希望能活得优雅一点，这是人类美好的本性，是文明的标志，并不是只有富人才有权享受美丽和优雅。就算一贫如洗，也要把家里收拾得干净整洁，装饰美丽大方。很多时候，这些用于装饰屋子的东西不一定要昂贵，因为只要善于发现美，就能创造美，而美带给人的惬意和欣喜，是金钱和物质永远无法衡量的。

想要达到这种效果，在房间里放一些鲜花是最简单合适的。没有人会认为鲜花不美丽，无论是名贵的花草，还是路边的野花，尽管它们的风格并不相同。鲜花不仅能带来美的享受，更能带来快乐。正是因为有了鲜花，才有了果实，大地上才会生生不息，循环不止。它是如此重要，就像食物之于身体。它就像大自然的微笑一样，哪怕路边最普通的野花，只要放在壁炉上或者餐桌边，都会为房间增色不少。因为它不仅是一朵花，更是一束来自大自然的最清新的阳光。如果房间里有病人，鲜花更是必需品。它们有着旺盛的生命力，能让人精神振奋，更快恢复健康。

鲜花是世界上最纯洁无瑕的存在，就像不谙世事的孩子那样，纯真而美丽。任何一个善良的人都不会拒绝这样的存在，也不会不怜惜零落的鲜花。鲜花如此平易近人，无论是老人还是年轻人，无论是穷人还是富人，都能从中找到喜欢的品种。人们还赋予它们不同的意义，每一种花都有独特的花语。

鲜花普遍不贵，大部分只需要一便士一朵，但是它们带给人的快乐却不止一便士。所以，就算它很便宜，也足以受到重视。或者，也许你连一便士也不用花，如果你有种子，可以自己培育一些旱金莲或者豌豆苗，把它们放在窗台上，也能看到一样的效果。鲜花不仅可以让空气变得芬芳，还能让房间变得更加优雅。鲜花可以默默地陪伴人们，和粗鄙和暴力永远不沾边。当阳光照在鲜花上，它散发出的魅力总会让人感到惬意舒心，心旷神怡。

鲜花代表着美丽和微笑。简直是世界上最美的风景，就像空气和阳光一样，是地球赐予我们的珍宝。

6.用心去发现生活的美

人类如此渺小，以至于只能感受到世界神秘而美丽的一角。我们习惯于只看眼前的事物而忽略远方的美好，也常被很多事物蒙蔽双眼，连眼前的美丽都看不清楚。因此，我们需要敞开心扉，洗涤心灵，用智慧的眼睛努力发现隐藏在生活中的快乐和幸福。

快乐如此珍贵，同时，快乐如此平凡。有一个属于自己的房间，门窗、地面保持干净，物品摆放整齐，窗外有灿烂的阳光，窗台上摆放一束鲜花，这样的房间，无论面积多小，都足以令人向往。而想要做到这一切一点都不难。

如果找不到鲜花也没关系，画作同样能带来美的享受。在这方面，自然美和人工美的区别并不大。如果能在房间里挂上油画或者摄影作品也不错。雕塑同样也能给人带来精神愉悦，提升道德修养和文化品味。这些艺术品可以传递思想或者精神，给人启迪，让家里变得更加温馨，更有吸引力。有了它们，家里不仅会增添很多艺术气息，氛围也会优雅很多。如果一个家庭的墙上挂

着一幅伟人的肖像画，无论是休息还是用餐，家庭成员们随时都能看见它，就会逐渐熟悉这个人的相貌，就想更加深入了解他，企图知道他的人生经历，理解他的思想。久而久之，人们的知识就会丰富，气质也会得到改善。从这个角度说，伟人肖像对人的影响极其深远。就算我们不一定能像伟人那样创造伟业，却能在潜移默化之中提升自我，不断进步。

很多收藏家都更关注艺术品的物质价值，根本不具有鉴赏美的能力；很多业余人士却恰恰相反。因为前者被金钱蒙蔽了双眼，后者却有一颗发现美，懂得美的心。

一幅画到底有没有价值，有多大价值，在于它能不能给人快乐，能带来多少快乐。不过，随着鉴赏能力的提高，你肯定不会再喜欢那些看起来就很拙劣的画作，而会更喜欢那些相对高雅的画作。可是拙劣和高雅不过是人的主观感受，就像在诗歌方面，有些人喜欢蒙哥马利，有些人喜欢弥尔顿一样。很少有人能够始终如一地坚持自己的兴趣，从头到尾不作任何改变。在欧文·琼斯看来，版画本身的价值并不比墙纸更大，可是我的看法却和他恰恰相反。毕竟，一个家里无论贴着多么昂贵精美的墙纸，都抵不上挂着一幅有价值却不一定多么昂贵的画。同样，家具和墙纸的作用也差不多。

无论是音乐、鲜花还是绘画，都属于生活艺术的一部分。只要掌握这种艺术，就能获得美好而幸福的生活。或者说，只要善于发现美，创造美，热爱自然，热爱生活，合理充分地利用自己拥有的每一项资源，就能让家庭变得更加温馨高雅，就会发现生活处处充满乐趣。如果我们真的做到了这一点，也就能自然而然地学会如何更好地和他人相处，并愿意无条件地带给别人快乐，和善地对待每一个人。这就是通向幸福的真谛。

人类是万物的灵长，在努力让生活变得更加美好时，我们也有足够的能力掌控自己的命运，不断升华我们的生命。在广阔的岁月海洋中，生活的艺术必将一代又一代地传承下去，走向最完美的归宿。